ARBEITSGEMEINSCHAFT FÜR FORSCHUNG
DES LANDES NORDRHEIN-WESTFALEN

GEISTESWISSENSCHAFTEN

76. Sitzung
am 21. Dezember 1960
in Düsseldorf

ARBEITSGEMEINSCHAFT FÜR FORSCHUNG
DES LANDES NORDRHEIN-WESTFALEN

GEISTESWISSENSCHAFTEN

HEFT 94

Martin Noth

Die Ursprünge des alten Israel im Lichte neuer Quellen

WESTDEUTSCHER VERLAG · KÖLN UND OPLADEN

ISBN 978-3-663-00346-5 ISBN 978-3-663-02259-6 (eBook)
DOI 10.1007/978-3-663-02259-6

Gesamtherstellung: Westdeutscher Verlag

Inhalt

Vorwort 7

I. Allgemeine Orientierung 9

II. Die Texte von Mari 12

III. Das Problem der Einordnung und Benennung der „Mari-Leute“ .. 22

IV. Schlußfolgerung zum Thema der Ursprünge des alten Israel 31

Anhang: Nichtakkadische Worte der Mari-Sprache 34

Vorwort

Wenn von „neuen Quellen" die Rede ist, die für die Frage nach den Ursprüngen des alten Israel von Bedeutung sind, könnte man an verschiedene Textfunde aus der altorientalischen Welt denken. Bei Ausgrabungen, die zwischen den beiden Weltkriegen begonnen wurden, sind einige Textgruppen an das Licht gekommen, die in dieser oder jener Weise Beziehungen zur alttestamentlichen Überlieferung haben, so die Texte von Ugarit und Alalach im nördlichen Syrien und die Texte von Nuzu im Osttigrisland. Für historische Fragestellungen aber kommen in erster Linie die Texte von Mari (am mittleren Euphrat) in Betracht, da sie mehr und anscheinend unmittelbarer als die anderen Textgruppen auf den verschiedensten Gebieten Zusammenhänge mit der im Alten Testament überlieferten Geschichte des ältesten Israel aufweisen. Es werden daher in der vorliegenden Untersuchung speziell die Mari-Texte in das Auge gefaßt. Da deren Veröffentlichung noch im Gange ist, kann z. Z. nur der augenblickliche Stand unserer Kenntnisse festgehalten werden. Schon dabei erweist sich die Fülle der Beziehungen als sehr bemerkenswert. Es ist aber fast mit Sicherheit zu erwarten, daß sich mit dem Fortschreiten der Veröffentlichung dieser Texte weitere Beziehungen ergeben werden.

An der Diskussion, die sich an den Vortrag anschloß, haben sich beteiligt Herr Staatssekretär Prof. Dr. L. Brandt, die Professoren Dr. W. Caskel, Dr. H. Conrad, Dr. J. Höffner, Dr. G. Jachmann, Dr. G. Kegel, Dr. Th. Ohm, Dr. J. Pieper, Dr. Dr. F. Schmidtke, Dr. H. E. Stier und Herr Landtagsabgeordneter J. Rau. Ich darf allen Teilnehmern an der Diskussion meinen Dank sagen für die Ergänzungen und Anregungen, die sie zu dem vorgetragenen Gegenstand beigesteuert haben.

Bonn, 27. Januar 1961 *Martin Noth*

Die Ursprünge des alten Israel im Lichte neuer Quellen

Von Professor D. Dr. *Martin Noth*, Bonn

I. Allgemeine Orientierung

Die Frage nach den Ursprüngen des alten Israel ist eine geschichtliche Frage. Sie ist als solche schon sehr alt. Denn nach der im Alten Testament uns erhaltenen Überlieferung hat das alte Israel selbst diese Frage bereits gestellt und auf seine Weise beantwortet. Das ist bemerkenswert. Denn die altorientalische Welt kennt sonst, soviel wir sehen, diese Frage nicht. Die Völker dieser Welt haben vielmehr ihre Existenz in einer von Uranfang bestehenden Weltordnung begründet gesehen. Daß das alte Israel diese Auffassung nicht geteilt hat, ist gewiß damit zu erklären, daß die Geschichte mit ihren nicht wiederholbaren Einmaligkeiten für jenes Israel und seinen Glauben eine fundamentale Bedeutung gehabt hat. Nach der alttestamentlichen Überlieferung sind die Ahnen des alten Israel irgendwann und irgendwo einmal inmitten des Verlaufs der Weltgeschichte aufgetaucht. Das wird in einer unkomplizierten und vereinfachenden Weise so ausgedrückt, daß die Ahnen Israels genealogisch aus der großen Familie der Völker der damals bekannten Welt hergeleitet werden. Danach hatte die Menschheit sich schon in Völkergruppen und Völker gegliedert, also bereits eine Geschichte hinter sich, als die Ahnen Israels geboren wurden[1].

Wir haben Anlaß, die Frage nach den geschichtlichen Ursprüngen

[1] Daß die genealogischen Listen, in die die Ahnen Israels eingeordnet werden, in ihren Einzelangaben nicht übereinstimmen, ist angesichts der gemeinsamen Grundlage dieser Genealogien nicht von wesentlicher Bedeutung. Diese Abweichungen in den Einzelangaben sind aber ein Zeichen dafür, daß nicht nur irgend jemand einmal den Versuch einer genealogischen Einordnung Israels in die Völkerwelt gemacht hat, sondern daß man immer wieder erneut in Israel sich Gedanken gemacht hat über die Stellung Israels im Kreise der Völker. Der Jahwist spricht nach einer Übersicht über die Nachkommen der Noahsöhne (Gen. *10 J) und nach der Geschichte vom Turmbau zu Babel (Gen. 11,1–9), die die Zerstreuung der Völker „über die ganze Erde hin" zur Folge hat, dann ziemlich unvermittelt von dem väterlichen Hause Abrahams (Gen. 11,28–30). Eine von ihm verschiedene Gruppierung der Nachkommen der Noahsöhne und damit der Ahnherren der Völker der Welt bietet die priesterschriftliche Völkertafel (Gen. *10 P). Und davon wieder weicht in Einzelheiten ab die genealogische Liste aus dem sogenannten „Tholedoth-Buch" (Gen. 11,10–27).

Israels immer erneut zu stellen, weil die Welt des alten Orients, aus der Israel stammt, durch neue Funde und Forschungen immer besser bekannt wird, also laufend neues Material liefert zur Beantwortung dieser Frage. Das Alte Testament hat seinerzeit den Anstoß dazu gegeben, die altorientalische Welt, auf die es so vielfach Bezug nimmt, zu erforschen. Inzwischen hat sich die Altorientalistik längst unabhängig vom Alten Testament zu einem großen und in zahlreiche Fachgebiete gegliederten Wissenbereich entwickelt. Um so mehr kann sie nun umgekehrt beitragen zur Lösung von Problemen, die die alttestamentliche Überlieferung stellt. Nach allem, was wir über die Anfänge des alten Israel wissen, ist Israel im Laufe des zweiten vorchristlichen Jahrtausends inmitten des alten Orients in die Geschichte eingetreten. Nun ist während der letzten Jahrzehnte durch überraschende Funde von Texten und Altertümern gerade dieses Jahrtausend mit seiner bewegten Geschichte einigermaßen gut bekannt geworden. Vor allem ist mehr und mehr neben den bekannten großen Kultur- und Geschichtsbereichen im Niltal (Ägypten) und im Zweistromland (Sumer und Akkad, Babylonien und Assyrien) die Welt der dazwischen liegenden Gebiete mit ihren Völkerbewegungen und politischen Gestaltungen ins Licht der geschichtlichen Kenntnis getreten; und alle Wahrscheinlichkeit spricht von vornherein dafür, daß eben in dieser Zwischenwelt die Ursprünge des alten Israel zu suchen sind.

Die ersten Schritte auf dem Wege zu einer Klärung der Frage nach diesen Ursprüngen wurden auf einem scheinbar recht nebensächlichen und unbedeutenden Arbeitsgebiet getan, nämlich auf dem Gebiet der Personennamenforschung. In Wirklichkeit freilich vermag die Untersuchung der Personennamen oft wichtige Aufschlüsse zu geben in Fällen, in denen andere Mittel der Forschung versagen. In einer Welt mit vielfältigen und intensiven internationalen Beziehungen verschiedenster Art, wie es die altorientalische Welt schon im 2. Jrt. v. Chr. gewesen ist, werden Schriftsysteme und – damit zusammenhängend – Sprachen verhältnismäßig leicht und oft von Volk zu Volk übertragen und übernommen; und so kann man aus Schrift und Sprache von Urkunden nicht immer sicher zurückschließen auf die Volkszugehörigkeit ihrer Verfasser. Anders pflegt es mit den Personennamen zu stehen. Jedes Volk – und auch im alten Orient war das so – entwickelt in der Regel eine bestimmte charakteristische Weise der Personennamenbildung; und meist halten die Angehörigen eines Volkes, soweit sie nicht mit Bedacht ihrer Umwelt sich assimilieren wollen, an der traditionellen Personennamenbildung fest, auch dann, wenn sie für ihre Urkunden eines weit verbreiteten Schriftsystems und auch – wenigstens eben für ihre Urkunden – einer mehr oder weniger internationalen Sprache sich bedienen. Nun sind ohnehin von den Ahnen Israels urkundliche Nachrichten – seien es eigene Urkunden oder Urkunden über sie – im alten Orient bisher nicht aufgetaucht; und es ist auch nicht zu erwarten, daß solche urkundlichen Nachrichten jemals auftauchen werden. Wohl aber sind im Alten Testament zahlreiche Personennamen aus dem ältesten Israel überliefert, die eine besondere Weise der Personennamenbildung zeigen.

Auf der anderen Seite ist schon vor sehr langer Zeit mit dem Bekanntwerden sehr vieler keilschriftlicher Texte aus dem Zweistromland aufgefallen, daß etwa in der ersten Hälfte des 2. Jrts. v. Chr. in diesen Texten häufig Personennamen erscheinen, die ihrer Struktur nach offensichtlich nicht zu dem Typ der bei den alten semitischen Bewohnern des Zweistromlandes („Babyloniern" und „Assyrern") üblichen Personennamen gehören, wenn auch sie gleichfalls aus einer semitischen Sprache stammen. Ihre Träger waren danach offenbar im Zweistromland Zugewanderte. Zugleich aber mußte sofort auffallen, daß diese Namen in ihrer Bildungsweise enge Beziehungen zu ältesten israelitischen Personennamen aufweisen. Besonders charakteristisch sind in dieser Gruppe Satznamen, die aus einem semitischen „Imperfektum" und einem folgenden theophoren Element bestehen. In dieser Weise ist nun der Name „Israel" selbst gebildet. Daneben stehen ebenfalls sehr zahlreiche Kurznamen, denen das theophore Element fehlt; und diese Form haben im alten Israel die Namen „Isaak", „Jakob", „Joseph". Schon im Jahre 1897 hat Fr. Hommel das damals bekannte Material zusammengestellt und aus dem offenkundigen Zusammenhang zwischen jenen keilschriftlich bezeugten Personennamen und den alten israelitischen Namen geschichtliche Schlüsse zu ziehen versucht[2]. Er hat die Träger der im Zweistromland fremden Namen als „Westsemiten" bezeichnet, und von den „westsemitischen Personennamen" im Zweistromland ist in der Folgezeit dann immer wieder die Rede gewesen.

Inzwischen ist das ans Licht gekommene und publizierte Urkundenmaterial ungeheuer angewachsen[3], und der erste Eindruck von einem auf

[2] *Fr. Hommel*, Die Altisraelitische Überlieferung in inschriftlicher Beleuchtung (1897), bes. S. 61ff.

[3] Die „westsemitischen" Personennamen wurden aufgenommen in die große Sammlung von *H. Ranke*, Early Babylonian Personal Names (The Babylonian Expedition of the University of Pennsylvania, Ser. D, Vol. III [1905]). Von dieser Sammlung gehen

der Ebene der Personennamen bestehenden Zusammenhang hat sich immer erneut als richtig bestätigt. Im Jahre 1926 hat Th. Bauer den nunmehr vorhandenen, schon recht umfangreichen Bestand an „westsemitischen“ Personennamen aus dem Zweistromland gesammelt und einer gründlichen philologischen Analyse unterzogen[4]. Damit wurde eine Grundlage geschaffen für einen über vorläufige Vermutungen hinausgehenden, soliden Vergleich dieser nichtakkadischen Personennamen mit anderen Personennamengruppen aus der Welt der Völker mit semitischen Sprachen.

II. Die Texte von Mari

Alles, was früher bekannt war, wurde weit überboten durch die Textfunde von Mari. Auf Grund eines Zufallsfundes wurden im Winter 1933/34 französische Ausgrabungen begonnen auf einem bis dahin wenig beachteten großen Ruinenhügel inmitten der Flußniederung des mittleren Euphrat, dem *tell ḥarīri*. Er erwies sich als die Stätte der alten Stadt Mari, deren Geschichte in der ersten Hälfte des 2. Jrts. v. Chr. hier allein interessiert. Es gelang den Ausgräbern sehr bald, den großen Königspalast dieser Zeit aufzudecken und in diesem Palast ein Archiv von etwa 20 000 Keilschrifttafeln zu finden[5]. Schon ein erster Überblick über den Inhalt der Texte dieses Archivs zeigte schnell, daß Königshaus und Herrenschicht von Mari im 18. Jh. v. Chr. – abgesehen von einer zeitlich begrenzten Zwischenperiode assyrischer Herrschaft in Mari – zu der Bevölkerungsgruppe der Träger jener nichtakkadischen Personennamen im Zweistromland gehörten, die hier ein nicht unbedeutendes politisches Zentrum mit einer räumlich überraschend ausgedehnten Herrschaft und mit erstaunlich

aus die Erwägungen über die „westsemitischen“ Personennamen bei *M. Noth*, Die israelitischen Personennamen im Rahmen der gemeinsemitischen Namengebung (1928), S. 11ff.

[4] *Th. Bauer*, Die Ostkanaanäer. Eine philologisch-historische Untersuchung über die Wanderschicht der sogenannten „Amoriter“ in Babylonien (1926). Vgl. jetzt auch *I. J. Gelb*, La lingua degli Amoriti (Atti della Accademia Nazionale dei Lincei. Rendiconti. Classe di Scienze morali, storiche e filologiche. Ser. VIII, Vol. 13, 1958, S. 143-164).

[5] Vgl. jetzt den abschließenden Ausgrabungsbericht von *A. Parrot*, Mission archéologique de Mari II: Le palais (1958/59). Von der Publikation der Texte in Autographie liegen bisher vor die Bände I–IX (Musée du Louvre. Département des antiquités orientales. Textes cunéiformes. Vol. XXII–XXX [1941–1960]), von der Veröffentlichung der Texte in Transskription und (französischer) Übersetzung die entsprechenden Bände I–IX (Archives royales de Mari I–IX [1950–1960]). Weitere Texte sind (vorab) in verstreuten Zeitschriftenaufsätzen bekanntgemacht und bearbeitet worden.

weitreichenden diplomatischen Beziehungen begründet hatten[6], und daß mancherlei Verbindungen zwischen Einrichtungen und Bräuchen der Mari-Leute und ähnlichen Einrichtungen und Bräuchen des alten Israel bestanden haben. Natürlich tauchten wieder zahlreiche neue Personennamen auf, die sich mit altisraelitischen Personennamen vergleichen lassen[7]. Das Wichtigste an den Mari-Texten aber ist nun dies, daß wir in ihnen jetzt in großer Menge Urkunden besitzen, die nachweislich von Trägern jener nichtakkadischen Personennamengruppe stammen, daß wir also jetzt nicht mehr allein auf das Indiz der Personennamen angewiesen sind, sondern auch mit der sprachlichen Form und dem sachlichen Inhalt bestimmter Texte argumentieren können[8]. Dieser letzteren Aufgabe sei daher im folgenden die Aufmerksamkeit zugewandt.

Die Mari-Texte sind auf Tontafeln in Keilschrift geschrieben und in dem damals üblichen altbabylonischen Dialekt abgefaßt mit einigen Besonderheiten, die hier nicht zu interessieren brauchen. Interessant und wichtig aber ist, daß in diesen Texten nicht selten Worte und Redensarten erscheinen, die offenbar nicht altbabylonisch sind, jedenfalls sonst nicht im Altbabylonischen nachgewiesen werden können bzw. überhaupt im Akkadischen fehlen[9]. Es ist mehr als wahrscheinlich, daß diese Worte und Redensarten aus der eigenen überkommenen Sprache der Mari-Leute stammen, die wir also hier wenigstens in einigen Spuren zu erfassen vermögen[10]. Und dabei zeigt sich, daß diese Spuren in nicht wenigen Fällen eine Verwandtschaft mit der Sprache des Alten Testaments auf-

[6] Es stellt sich immer mehr heraus, daß die breite und fruchtbare Flußniederung des mittleren Euphrat (etwa zwischen *dscherāblus* und *'āna*) wiederholt in der Geschichte eine eigene und bemerkenswerte Rolle gespielt hat.

[7] Vgl. dazu *M. Noth*, Mari und Israel. Eine Personennamenstudie (Geschichte und Altes Testament. Albrecht Alt zum 70. Geburtstag dargebracht [Beiträge zur historischen Theologie 16 (1953)], S. 127–152).

[8] Daher soll hier die Personennamenangelegenheit nicht weiter verfolgt werden, obwohl die jüngsten Bände der Mari-Texte-Publikation wieder einiges neue Material zum Vergleich mit israelitischen Personennamen bieten.

[9] Man muß hier also mit einem argumentum e silentio arbeiten, das im Einzelfall fragwürdig bleibt, jedoch da, wo es sich um ganze zusammengehörige Wortgruppen handelt, sein Gewicht hat, soweit nicht überhaupt unakkadische Wort*formen* die nichtakkadische Herkunft sicher erweisen.

[10] Die ersten, aufsehenerregenden Beispiele für diesen Sachverhalt boten bereits die schon vor dem zweiten Weltkrieg veröffentlichten Mitteilungen über den bemerkenswerten Inhalt der Mari-Texte; vgl. vor allem *G. Dossin*, Les archives épistolaires du Palais de Mari (Syria 19 [1938], S. 105–126); *ders.*, Les archives économiques du Palais de Mari (Syria 20 [1939], S. 97–113); *ders.*, Benjaminites dans les textes de Mari (Mélanges Syriens offerts à M. René Dussaud [1939] II, S. 981–996) u. a.

weisen. Das kann – im Zusammenhang mit der Verwandtschaft in der Personennamenbildung gesehen – schwerlich ein Zufall sein. Das Übernehmen von Lehnwörtern aus der alten eigenen Sprache in das offizielle Altbabylonisch der Urkunden erfolgte gewiß nicht zufällig und willkürlich, sondern hatte vermutlich seinen Hauptgrund darin, daß für bestimmte traditionelle Vorstellungen und Einrichtungen nicht ohne weiteres zutreffende altbabylonische Worte zur Verfügung standen und daher traditionelle termini technici in babylonisierter Form in die Mari-Sprache eingingen. Darum sind von vornherein bei einer Untersuchung der Eigentümlichkeiten der Mari-Sprache[11] sachliche Gesichtspunkte nicht auszuschalten. Da die Publikation der Mari-Texte noch im Gange und noch längst nicht abgeschlossen ist, eine Übersicht über das gesamte Material also bei weitem noch nicht möglich ist, seien nur einige Beispiele unter sachlichem Gesichtspunkt zusammengestellt[12].

In der Mari-Sprache begegnen noch alle Bezeichnungen für die Haupthimmelsrichtungen in nichtakkadischen Worten oder Wortformen, und zwar stehen alle diese Bezeichnungen unter dem einheitlichen Gesichtspunkt der Orientierung nach dem Sonnenaufgang im Osten. Danach bezeichnen die auf gleiche Weise gebildeten Worte *akdamātum* (II 134,4; III 15,12.17; 72,1′) und *aḫarātum* (II 80,11; 90,7; 98,4′; III 15,17.18), die wörtlich die „Vorderseite" und die „Hinterseite" meinen, die Himmelsrichtungen Osten und Westen[13]; und in den beiden wieder auf gleiche Weise gebildeten Namen von zwei größeren Stämmegruppen kommen die ebenfalls nichtakkadischen Wortformen *jamin(a)* und *sim(ḫ)al* vor, die eigentlich „rechts" und „links" bedeuten, hier aber den Süden und Norden bezeichnen und damit diese beiden Stämmegruppen als „die Südlichen" (*Banū-Jamin:* häufig vorkommend[14]) und „die Nördlichen" (*Banū-Sim'al:* I 60,9; II 33,21′; 37,25) charakterisieren. Es leuchtet ein, daß diese Himmelsrichtungsbezeichnungen bei den Mari-Leuten, die trotz ihres Königtums und ihrer politischen Herrschaft zum großen Teil noch in einer

[11] Die Sprache der Mari-Texte hat bereits eine umfassende Darstellung gefunden durch *A. Finet*, L'Accadien des lettres de Mari (Académie Royale de Belgique. Classe des lettres et des sciences morales et politiques. Mémoires. 2e Série. T. LI,1 [1956]).

[12] Vgl. auch die Zusammenstellung im Anhang u. S. 33 ff.

[13] Vgl. dazu *J. Lewy*, Orientalia N. S. 21 (1952), S. 416f., sowie *Bottéro-Finet*, Archives Royales de Mari XV (1954), S. 169f., gegen *J.-R. Kupper*, Archives Royales de Mari III (1950), S. 114.

[14] Zahlreiche Belegstellen bei *G. Dossin* in dem in Anm. 10 zitierten Aufsatz in den Mélanges Syriens.

halbnomadischen oder nomadischen Lebensweise verblieben[15], sich erhalten haben; denn die Richtung des Sonnenaufgangs mußte für nicht festangesessene Wanderhirten der sicherste Ausgangspunkt der Orientierung sein. Nach längerer Seßhaftigkeit pflegen sich entsprechend den lokalen Gegebenheiten des betreffenden Landes meist andere Himmelsrichtungsbezeichnungen zu entwickeln, so im Zweistromland für Norden und Süden die Begriffe „oben" und „unten" entsprechend der Flußrichtung der beiden Ströme oder für den Osten der Begriff „Gebirge" im Hinblick auf die eben im Osten das Land begrenzenden Gebirge. Die Sprache des Alten Testaments kennt noch alle der ursprünglichen Mari-Sprache eigenen, am Sonnenaufgang orientierten Himmelsrichtungsbezeichnungen und drückt sie mit den gleichen Worten aus; daneben allerdings treten im Alten Testament, dessen meiste Teile aus dem längst seßhaft gewordenen Israel stammen, auch andere Worte auf, wie z. B. der Begriff „Meer" in der Bedeutung Westen oder „Negeb" in der Bedeutung Süden.

Wichtiger ist die Tatsache, daß in der Mari-Sprache einige Worte für bestimmte soziologische Gebilde dem nichtakkadischen, angestammten Wortschatz der Mari-Leute entnommen sind. Das gilt zunächst vor allem für das Wort *gājum*, das etwa die Bedeutung „Schar" oder „Gruppe" oder „Gemeinschaft" zu haben scheint. Daß die Bedeutung nicht leicht exakt zu bestimmen ist, liegt daran, daß es sich offenbar um eine Art terminus technicus handelt für eine Sache, die in der Kulturlandsphäre kein genau entsprechendes Gegenstück hatte und daher auch nicht mit einem Begriff der Kulturlandsprache zutreffend wiedergegeben werden konnte, weil mit diesem Wort irgendeine Gemeinschaftsform gemeint war, die die Mari-Leute aus ihrer eigenen Vergangenheit vor dem Seßhaftwerden ererbt hatten. Die wenigen bisher bekannten Vorkommen des Wortes in den Mari-Texten[16] aber gestatten über eine allgemeine Interpretation hinaus noch keine spezielle Bestimmung der Bedeutung des Wortes[17]. Bedeutsam aber ist nun dies, daß das Wort *gājum* im Kreise

[15] Vgl. dazu die umfangreiche Studie von *J.-R. Kupper*, Les nomades en Mésopotamie au temps des rois de Mari (Bibliothèque de la Faculté de Philosophie et Lettres de l'université de Liège. Fasc. CXLII [1957]).

[16] IV 1,13.15; VI 28,8; *M. Birot*, Textes économiques de Mari I 35; II 5.45; III 32.42.70; IV 22; V 20.31.53 (Revue d'Assyriologie 49 [1955], S. 15ff.).

[17] Zur Bedeutung vgl. *G. Dossin*, Archives Royales de Mari V (1952), S. 141; *J.-R. Kupper*, a. a. O. (Anm. 15), S. 20, Anm. 1; *E. A. Speiser*, Journal of Biblical Literature 79 (1960), S. 160f. Die These von *M. Birot*, Revue d'Assyriologie 47 (1953), S. 127, daß das Wort „Territorium" bedeute, hat sich nicht bewährt.

der semitischen Sprachen sonst nur noch in der Sprache des Alten Testaments und der vom Alten Testament abhängigen Literatur belegt ist. Es erscheint hier in der lautgesetzlich zu erwartenden Form *gōj* (גוי), und zwar in der Bedeutung „Volk", also in einer offenbar bereits verallgemeinerten und daher abgeblaßten Bedeutung. Ähnliches gilt für das ebenfalls nichtakkadische Wort *ḫibrum*[18], das seiner Grundbedeutung nach[19] am besten mit „Verband" zu übersetzen ist und anscheinend eine weniger umfassende soziologische Einheit bezeichnet als das vorher genannte Wort *gājum*. Auch dieses Wort ist in der wiederum lautgesetzlich einwandfreien Form *ḥäbär* (חבר) dem Alten Testament wohl bekannt und bedeutet hier „Verbindung", „Gemeinschaft"; auch andere Derivate desselben Stammes begegnen uns im Alten Testament häufig.

In einem wichtigen Text, auf den sogleich noch zurückzukommen sein wird, erscheint das Wort *ḫibrum* in enger Verbindung mit dem Wort *nawūm* (VIII 11,21: *ḫibrum ša nawīm*), das seinerseits die Bedeutung „Steppe", d. h. Weidegebiet für Kleinviehherden, hat und auch sonst noch wiederholt in den Mari-Texten vorkommt[20]. Dieses Wort ist nach Form und Bedeutung identisch mit dem alttestamentlichen Wort *nawä* (נוה). In den gleichen Sachzusammenhang des Lebensbereiches nicht fest angesiedelter Wanderhirten gehört wahrscheinlich auch das ebenfalls nichtakkadische Wort *kaprum*, das man mit „Dorf" zu übersetzen pflegt[21], das aber anscheinend eigentlich einen Komplex von Vorratshäusern meint, wie sie die Wanderhirten noch heute zu haben pflegen, um die Erträge ihrer Feldarbeit zu speichern und zu verwahren[22]. Auch dieses

[18] I 119,10; VII 267,2′; VIII 1,21; nach *G. Dossin* (bei *J. Bottéro*, Le problème des Ḫabiru à la 4e rencontre assyriologique internationale [Cahiers de la Société Asiatique XII (1954)], S. 204) kommt das Wort auch noch in weiteren, bisher unveröffentlichten Mari-Texten vor. Zum Ganzen vgl. auch *J. Bottéro*, Archives Royales de Mari VII (1957), S. 223f.

[19] Auch die Mari-Sprache kennt noch ein von demselben Stamm gebildetes Verbum in der Bedeutung „versammeln" (I 60,23) sowie eine weitere nominale Ableitung (III 74,21 in einem leider fragmentarischen und daher unklaren Zusammenhang). Im Hebräischen hat der Stamm wohl die Grundbedeutung „(zusammen)binden".

[20] Die Belege bei *Bottéro-Finet*, a. a. O. (Anm. 13), S. 237; vgl. auch *G. Dossin*, a. a. O. (Anm. 10), S. 986, Anm. 1, andrerseits *D. O. Edzard*, Zeitschrift für Assyriologie N. F. 19 (1959), S. 168-173.

[21] So die Übersetzer der Mari-Texte und *Bottéro-Finet*, a. a. O., S. 211, an der letzteren Stelle auch die Textbelege.

[22] An den meisten Stellen seines Vorkommens steht das Wort *kaprum* im Zusammenhang mit Vorräten, vor allem an Getreide (so besonders IV 24,12–23, wonach eine Reihe *kaprātum* von Hunger leidenden Turukkäern ausgeplündert worden sind; II 52,5ff., wo vom Getreide eines *kaprum* die Rede ist; V 52,18ff., wo *kaprātum*

Wort ist dem Alten Testament bekannt und ist noch in der nachalttestamentlichen Zeit Palästinas vielfach zur Bildung von Ortsnamen verwendet worden, hat dabei allerdings dann sekundär die Bedeutung „Dorf" angenommen.

Mit dem Wanderhirtenleben, auf das sich die soeben genannten Worte beziehen, hängen nun auch einige den Mari-Leuten eigene Besonderheiten auf dem Gebiete des Rechts zusammen, die ohne Beziehungen zu den Kulturlandtraditionen des Zweistromlandes sind, dafür aber Parallelen im alten Israel haben. Schon die Tatsache, daß in den Mari-Texten neben den üblichen akkadischen Worten für „richten" und „Prozeß" auch die nichtakkadischen Worte *šāpiṭum* und *šapiṭūtum*[23] auftauchen, die zu dem im Hebräischen allgemein gebrauchten Wortstamm für „richten" gehören, spricht dafür, daß die Mari-Leute teilweise noch an ihren überkommenen Rechtstraditionen festhielten und wahrscheinlich auch in ihren Kreisen noch besondere Männer hatten, die in herkömmlicher Weise Streitigkeiten schlichteten, ohne nach dem natürlich sonst auch im Staate von Mari geltenden sumerisch-altbabylonischen Recht zu verfahren, wie es in den meisten Rechtsurkunden aus Mari angewandt erscheint. Mit Recht hat M. du Buit darauf hingewiesen[24], daß ein merkwürdiger Mari-Text (III 16), der Bericht eines Distriktgouverneurs an den König von Mari, sich nur interpretieren läßt von der Voraussetzung aus, daß es unter den Mari-Leuten noch eine nicht im Kulturland beheimatete Eheform gab, bei der die Frau im elterlichen Hause verblieb und von ihrem anderswo wohnenden Mann besucht zu werden pflegte, und daß uns diese Eheform in einigen Fällen auch aus dem ältesten Israel bekannt ist. Es ist nicht leicht zu sagen, in was für Verhältnissen diese Eheform ihren Ursprung gehabt haben mag. Man könnte an ein Residuum einer ursprünglich matriarchalischen Gesellschaftsordnung denken; du Buit leitet sie her aus den besonderen Umständen des engen Zusammenlebens festangesessener und halbnomadischer oder nomadischer Bevölkerungen. In beiden Fällen möchte man eine weitere Verbreitung dieser Eheform erwarten. Sie ist zwar auch im Recht

erwähnt werden, aus denen Truppen Getreide entnehmen; wohl auch II 61,8ff., wo in einem fragmentarischen Zusammenhang zuerst *kaprātum* und dann Feld und Getreide vorkommen). In assyrischen Inschriften ist gelegentlich von *kaprānu* fremder Völker die Rede (vgl. Assurnasirpal, Annalen II 89).

[23] Die Belege bei *Bottéro-Finet*, a. a. O., S. 265, dazu VII 214,6'; vgl. auch *Th. Bauer*, Die Ostkanaanäer (1926), S. 81, und vor allem *J. Bottéro*, Archives Royales de Mari VII (1957), S. 241f.

[24] Revue Biblique 66 (1959), S. 577–580.

der mittelassyrischen Zeit vorgesehen[25], sonst aber uns nur bei den Mari-Leuten und bei den alten Israeliten bekannt[26], ihr Vorkommen also vielleicht doch auf einen engeren Kreis beschränkt gewesen und daher für einen geschichtlichen Zusammenhang zwischen Mari und Altisrael symptomatisch. Erwähnt wird sie vor allem in denjenigen Fällen, in denen die Besuche der Männer zu politisch-kriegerischen Gefahren zu werden drohten. In Mari hatte nach dem Bericht des Gouverneurs die Zahl solcher Ehen in den „Städten der Benjaminiten" einen bedrohlichen Umfang angenommen, weil zugleich die zu Besuch hereinkommenden Männer für feindliche Gruppen Spionagedienste leisteten. In Israel hat die vermutlich in dieser Form praktizierte Ehe des Manassiten Gideon mit einer Sichemitin den Konflikt des Stadtstaates Sichem mit dem Stamme Manasse unter Abimelech heraufbeschworen (Ri. 8,31; 9,1 ff.) und die Ehe des Daniten Simson mit der Philisterin von Thimna zu Mißhelligkeiten zwischen Simson und den Philistern Anlaß gegeben (Ri. 14,1 ff.).

Einen im hiesigen Zusammenhang sehr bemerkenswerten Aufschluß über Besonderheiten des Eigentumsrechts gibt ein Vertrag, in dem wieder ein terminus technicus eine Rolle spielt, der dem Akkadischen fremd, der Sprache des Alten Testaments aber sehr geläufig ist, nämlich das Verbum *naḫālum*-נחל, das man zu übersetzen pflegt mit „erben", „als erbliches Eigentum bekommen". In diesem Text (VIII 11)[27] tritt eine durch 13 Männer vertretene Gemeinschaft auf, offenbar ein Stamm mit Namen *bīt Awin*, der teilweise in einer Ansiedlung lebt, teilweise aber noch einen „Verband in der Steppe" (*ḫibrum ša nawîm*)[28] bildet, und auf der anderen Seite ein einzelner, der als „ihr Bruder" bezeichnet wird und nach dem, was sonst über ihn aus den Mari-Texten bekannt ist, ein königlicher Beamter war. Nach dem zwischen diesen beiden Parteien geschlossenen Vertrag erhält der einzelne ein dem Umfang nach festgelegtes Stück Land als Eigentum; und diese Eigentumsübertragung wird mit dem genannten Verbum *naḫālum*-נחל ausgedrückt. Nach den Eingangsworten des Vertrags handelt es sich bei dem übertragenen Landstück um einen Teil des Stammeslandeigentums, also um Gemeinbesitz, von dem nunmehr ein Teil einem Stammesangehörigen („Bruder"), der nicht mehr im Stammes-

[25] Vgl. *H. Greßmann*, Altorientalische Texte zum Alten Testament, 2. Aufl. (1926), S. 415 (§ 27).

[26] Die arabische *ṣadīḳa*-Ehe ist eine etwas andere Sache.

[27] Vgl. dazu die Ausführungen von *G. Boyer*, Archives Royales de Mari VIII (1958), S. 190–197.

[28] Vgl. o., S. 16.

verband lebt, als persönliches Eigentum überlassen wird. Diesem ursprünglichen Vorgang gegenüber ist wohl der in einer anderen Urkunde (VIII 12) bezeugte Vorgang, daß der Vizekönig von Mari (in der Zeit der assyrischen Herrschaft) einem einzelnen einen Teil vom Landeigentum des „Palastes“, d. h. vom königlichen Domänenbestand, als persönliches Eigentum überträgt, bereits eine sekundäre Erscheinung, da de facto die Entlohnung eines königlichen Beamten auf diese Weise erfolgt. Auch in diesem zweiten Fall wird wieder das Verbum *naḫālum*-נחל gebraucht. Dasselbe gilt erst recht für eine weitere Urkunde (VIII 13), wo es sich um einen verkappten Kauf handelt, indem der eine Partner ein Stück bebauten Landes und der andere eine Geldsumme zum persönlichen Eigentum überträgt (*naḫālum*-נחל); dafür hat sich in diesem Falle ein besonders altertümlicher Zug erhalten, insofern am Schluß urkundlich bestätigt wird, daß die beiden Partner zusammen „Brot gegessen, einen Becher getrunken und sich mit Öl gesalbt haben“. Das gemeinsame Mahl der Partner als letzter bzw. wichtiger Akt eines Vertragsabschlusses über die Abgrenzung von Weide- und Wasserrechten ist auch dem Alten Testament vertraut (vgl. Gen. 26,30; 31,54). Nach alledem wird man die durch die Mari-Texte deutlich gewordene spezielle Bedeutung des Wortes *naḫālum*[29] auch für die genaue Interpretation des alttestamentlichen Wortes נחל und seiner Derivate heranzuziehen haben auf Grund der kaum zu bezweifelnden Tatsache, daß in diesem Punkte geschichtliche Zusammenhänge bestehen.

Auch auf dem Gebiete des Erbrechtes ist mit solchen Zusammenhängen zu rechnen. In der einzigen aus Mari bis jetzt bekanntgewordenen Adoptionsurkunde (VIII 1) handelt es sich um die Adoption eines (jungen) Mannes – vielleicht eines Sklaven – durch ein Ehepaar (es ist bemerkenswert, daß neben dem Mann ständig die Frau als offenbar in diesem Falle „gleichberechtigt“ genannt wird), und zwar erhält der zu Adoptierende die Rechte des Erstgeborenen und soll diese auch behalten, falls das – bisher vermutlich kinderlose – Ehepaar Kinder bekommen oder weitere Adoptionen vornehmen sollte. Es wird ihm daher ausdrücklich zugesichert, daß er (als Erbe) „zwei Drittel“ bekommen soll, während die dann etwa

[29] Das Wort begegnet auch noch in der Urkunde VIII 14, die aber sehr schlecht erhalten ist. In ihr handelt es sich anscheinend um etwas Ähnliches wie in der Urkunde VIII 13. Auch das Vorkommen von *naḫālum* in der amtlichen Korrespondenz von Mari (I 91,6′, wahrscheinlich auch V 4,5) findet von den Rechtsurkunden aus eine konkrete Interpretation (vgl. *G. Boyer*, a. a. O., S. 196f.).

vorhandenen „jüngeren Brüder" den Rest (des Erbes) unter sich gleichmäßig teilen sollen. Im Text ist unzweideutig der übliche akkadische Ausdruck für „zwei Drittel" (*šittīn*) gebraucht. Der Herausgeber und Bearbeiter dieses Textes[30] hat mit Rücksicht auf die ganz ungewöhnlich erscheinende Bevorzugung des Erstgeborenen gegenüber jüngeren Brüdern, die in den sonst bekannten Rechten des Zweistromlandes keine Parallele hat, vermutet, daß hier nicht „zwei Drittel" gemeint seien, sondern nur ein den jüngeren Brüdern gegenüber doppelter Anteil. Er hat jedoch nicht daran gedacht, daß im Alten Testament genau und wörtlich dieselbe Bevorzugung des Erstgeborenen bei der Erbteilung vorgesehen ist. Der alttestamentliche Ausdruck *pī šᵉnajim* (פי שנים), der nach Sach. 13,8 unzweifelhaft „zwei Drittel" meint, kommt in der Bestimmung des deuteronomischen Gesetzes vor (Dtn. 21,17), daß dem tatsächlichen Erstgeborenen des Vaters, auch wenn er von einer nicht (mehr) geliebten Frau stammt, sein Erbrecht nicht etwa zugunsten des Sohnes einer geliebten Frau verkürzt werden darf, sondern daß er unter allen Umständen „zwei Drittel von allem, was sich von seinem (des Vaters) Besitz vorfindet", bekommen muß. Die Frage mag hier auf sich beruhen bleiben, womit diese außerordentliche Bevorzugung des Erstgeborenen zu erklären ist und was für Pflichten ihm in der Nachfolge des Vaters etwa oblagen. Am Sachverhalt ist kaum ein Zweifel möglich. Auch im uneigentlichen, übertragenen Sinne findet sich dieses Erstgeborenenrecht im Alten Testament. Wenn der Prophet Elisa beim Abschied von seinem Meister Elia „zwei Drittel" (פי שנים) von dessen Geist erbittet (2. Kön. 2,9), so wünscht er sich damit den Erstgeborenenanteil am Erbe und damit zugleich wohl die eigentliche Nachfolge.

Noch eine Einzelheit verdient Erwähnung. In einigen Mari-Urkunden (VIII 62–65) wird festgelegt, daß eine Gruppe von namentlich aufgeführten Leuten oder auch ein einzelner die Garantie dafür übernehmen müssen, daß irgendein anderer nicht flieht oder sonst verschwindet. Es wird nicht klar, unter welchen Umständen und in welcher Stellung man eine solche Garantie zu übernehmen bereit war oder auch übernehmen mußte; und es wird auch nicht klar, in welchen Verhältnissen ein Fluchtverdacht vorlag und eine Flucht verhindert werden sollte. Jedenfalls müssen die Garanten im Falle des Verschwindens des Betreffenden eine ganz ansehnliche, in der Urkunde festgelegte Summe zahlen. Das erinnert an die

[30] *G. Boyer*, a. a. O., S. 178–182.

alttestamentliche Geschichte von 1. Kön. 20,35–43. Nach dieser trat einmal ein Mann vor den König von Israel mit der folgenden fingierten, seltsamen Erzählung: Ihm sei im Verlauf einer Feldschlacht ein Mann zur Bewachung anvertraut worden; dieser sei spurlos verschwunden, und nun habe er entweder sein Leben verwirkt, oder er müsse die außerordentlich hohe Summe von einem Silbertalent zahlen. Der König kann darauf nur antworten, daß das in der Tat rechtens sei[31].

Andere auffällige Beziehungen zwischen Mari und dem alten Israel sind schon länger bekannt und bereits öfter erörtert worden. Das gilt vor allem für das Auftreten prophetenartiger Gestalten in Mari, die als Boten eines Gottes auftreten und eine Gottesbotschaft zu überbringen haben, die sie mit fast derselben Formel einleiten, wie es die alttestamentlichen Propheten bei ihren Botschaften tun[32]. Das alttestamentliche Wort für „Prophet" war allerdings in Mari anscheinend nicht bekannt; man pflegte diese Leute mit verschiedenen akkadischen Worten zu bezeichnen. Ähnliches gilt auch für die in Mari bezeugten Formen des sakralen Bundschließens[33]. Dabei ist vor allem beachtenswert der terminus technicus der Mari-Sprache für Bundschließen: „einen Esel töten", wobei die beiden Worte für „Esel" (*ḫajarum* u. ä.) und „töten" (*ḳatālum*) nicht akkadisch, wohl aber dem alttestamentlichen Hebräisch bekannt sind. Hier kommen sie freilich nur in anderen Sachzusammenhängen vor. Denn das Alte Testament weiß nichts mehr von einem Bundschließungsakt, bei dem das Töten eines Esels etwas Wesentliches war. Vermutlich aber meint das „Eseltöten" in Mari etwas Ähnliches wie das Zerteilen von Tieren beim Bundschließen, das nach Gen. 15,9.10.17; Jer. 34,18 im alten Israel üblich oder wenigstens möglich war. In diesen Zusammenhang gehört auch der terminus technicus „die Hand (jemandes) füllen", der bisher nur in den Mari-Texten und im Alten Testament nachgewiesen ist und die Bedeutung hat: jemandem ein Amt mit den entsprechenden Einkünften übertragen. Im Alten Testament ist „Handfüllen" zu einer festgeprägten Formel geworden für die Bestallung speziell von Priestern; sie kommt von den ältesten bis zu den

[31] Dabei kommt in VIII 65,11 und 1. Kön. 20,39 dasselbe Verbum *paḳādum*-פקד vor („achtgeben"), allerdings in verschiedenem Sachzusammenhang.

[32] Einzelheiten bei *M. Noth*, Geschichte und Gotteswort im Alten Testament (Bonner Akademische Reden 3 [1949], S. 12ff.).

[33] Genaueres bei *M. Noth*, Das alttestamentliche Bundschließen im Lichte eines Mari-Textes (Annuaire de l'Institut de Philologie et d'Histoire Orientales et Slaves XIII [1953], S. 433–444) = Gesammelte Studien zum Alten Testament ([2]1960), S. 142 bis 154.

jüngsten Schriften des Alten Testaments als stehender Ausdruck vor[34].

Es ist fast mit Sicherheit zu erwarten, daß die fortschreitende Publikation der Mari-Texte noch mancherlei weitere Beziehungen zwischen den Mari-Leuten und dem alten Israel ans Licht bringen wird. Aber schon das, was bis jetzt vorliegt, läßt keinen Zweifel daran übrig, daß geschichtliche Beziehungen zwischen diesen beiden Größen bestanden haben. Es fragt sich nur, wie diese Beziehungen genauer zu bestimmen sind und mit welchem Maß von Unmittelbarkeit oder Mittelbarkeit zu rechnen ist.

III. Das Problem der Einordnung und Benennung der „Mari-Leute"

Zu einer umsichtigen Behandlung der geschichtlichen Frage nach den Ursprüngen des alten Israel gehört im Hinblick auf Mari zunächst der Hinweis darauf, daß unmittelbare Verwandte der Mari-Leute in den ersten Jahrhunderten des 2. Jrts. v. Chr. auch außerhalb des Herrschaftsbereichs von Mari auftauchen. Erkennbar sind sie wieder an ihren charakteristischen Personennamen. Allgemein anerkannt ist zunächst, daß die Herrscher der ersten Dynastie von Babylon („Hammurabi-Dynastie") nach Ausweis ihrer Personennamen zu diesen Verwandten der Mari-Leute gehörten. Die Könige und Herren des „altbabylonischen Reiches", das von etwa der Mitte des 19. Jhs. v. Chr. an ungefähr drei Jahrhunderte bestanden hat, waren also ebenso wie die Mari-Leute im Zweistromland Zugewanderte. Da aber die Stadt Babylon, die durch sie erstmalig in der Geschichte zu einem bedeutenden Herrschaftszentrum wurde, etwas anders als Mari schon inmitten der großen Tiefebene des unteren Euphrat und Tigris mit ihrer alten sumerisch-akkadischen Kultur und Tradition lag, haben hier die neuen Herren anscheinend schneller und vollständiger das Erbe des Landes, in dem sie lebten und herrschten, übernommen, so daß eigentlich nur noch ihre Namen als Zeichen ihrer Herkunft übriggeblieben sind. Auch in einigen anderen Städten des südlichen Zweistromlandes sowie in Assyrien haben zeitweise Verwandte der Mari-Leute die Herrschaft innegehabt[35].

Aber auch in Syrien-Palästina finden wir Verwandte der Mari-Leute. Ihre charakteristischen Namen erscheinen erstmalig in den ägyptischen

[34] Vgl. *M. Noth*, Amt und Berufung im Alten Testament (Bonner Akademische Reden 19 [1958]) S. 7ff.

[35] Das gilt beispielsweise gerade für die Zeit der assyrischen Fremdherrschaft in Mari, in der der als Vizekönig fungierende Sohn des assyrischen Großkönigs mit dem besonders charakteristischen „Mari-Namen" *Jašmaḫ-Addu* in Mari residierte.

„Ächtungstexten" aus dem 18. Jh. v. Chr.[36]. Über ihre geschichtliche Rolle können die „Ächtungstexte" nicht wohl Auskunft geben; aber schon die Tatsache, daß einige ihrer Namen in Ägypten bekannt wurden und daß die „Ächtungstexte" diese Leute einer Beachtung und Erwähnung für wert hielten, zeigt an, daß sie eine gewisse Bedeutung für die Herrschaftsverhältnisse in Syrien-Palästina erlangt hatten oder zu erlangen sich anschickten. Und aus verschiedenen Quellen geht hervor, daß in der Folgezeit verschiedene syrisch-palästinische Kleinstaaten – wenigstens zeitweise – von Dynastien beherrscht wurden, die von Verwandten der Mari-Leute begründet waren[37]. Unter diesen Umständen ist es wahrscheinlich kein Zufall, daß die älteste bisher auf palästinischem Boden gefundene Keilinschrift, eine Einritzung[38] auf der Schulter eines mittelbronzezeitlichen[39] Kruges aus Hazor[40], gerade einen charakteristischen Personennamen der Mari-Leute bietet[41].

Nach alledem haben wir also mit einer Bevölkerungsbewegung zu rechnen, die etwa im 20./19. Jh. v. Chr. in die Kulturländer am Rande des Nordteils der syrisch-arabischen Wüste zahlreiche Zuwanderer führte, denen es vielerorts gelang, sich der Herrschaft zu bemächtigen und größere oder kleinere Staatengebilde zu schaffen. Daß diese an den auffälligen Personennamen ihrer Angehörigen erkennbare Bevölkerungsschicht gerade in Mari so sichtbar in das Licht der Geschichte tritt, könnte ein Zufall sein und daher kommen, daß das Finderglück des Ausgräbers hier so viele Keilschrifttafeln zutage gefördert hat. Es scheint aber nach den Mari-Texten doch so, als hätten die Zuwanderer in der Flußniederung des mittleren Euphrat und entlang seinen beiden linken Nebenflüssen, dem

[36] Einzelheiten bei *M. Noth*, Zeitschrift des Deutschen Palästina-Vereins 65 (1942), S. 21ff.; *W. L. Moran*, Mari Notes on the Execration Texts (Orientalia N. S. 26 [1957], S. 339–345); *A. Goetze*, Remarks on some names occurring in the Execration Texts (Bulletin of the American Schools of Oriental Research 151 [1958], S. 28–33).

[37] Zum Beispiel in Ugarit (vgl. *M. Noth*, Mari und Israel [s. o. Anm. 7], S. 150, Anm. 2), in *Jamḫad* (Aleppo) und *Alalaḫ* (vgl. die Königsnamenlisten bei *A. Goetze*, Bulletin of the American Schools of Oriental Research 146 [1957], S. 20ff.; Journal of Cuneiform Studies 11 [1957], S. 68ff.). Auch unter den Dynastennamen der Amarnazeit finden sich noch solche, die hierher gehören (vgl. *M. Noth*, ZDPV, a. a. O., S. 64).

[38] Sie war also ungewöhnlicherweise nicht in den noch weichen Ton eingedrückt, sondern nachträglich auf dem schon fertigen, gebrannten Tongefäß angebracht worden.

[39] Der Krug stammt aus einer Schicht von Mittelbronze II, also aus einer Zeit, die mit der Zeit der Mari-Texte ungefähr zusammenfällt.

[40] Veröffentlicht in Hazor II (1959), S. 115ff.

[41] Der Name lautet *Iš-me-*^{d}*X* (das letzte Zeichen ist nicht sicher bestimmbar). Wenn *A. Malamat*, Hazor II, a. a. O., und Journal of Biblical Literature 79 (1960), S. 18,

Baliḫu und dem Ḫabur, den Schwerpunkt ihrer Ansiedlung gehabt; hier erscheinen sie auch noch in dem verhältnismäßig ursprünglichen Zustand des allmählichen Übergangs vom nomadischen und halbnomadischen zum seßhaften Leben[42]. Gleichwohl muß man immer im Auge behalten, daß sie auch über die Nachbarländer hin sich ziemlich weit verbreitet haben.

Es wäre nun um dieser geschichtlichen Erscheinung selbst willen und um der Beziehungen zum alten Israel willen wichtig zu wissen, um was für eine Bevölkerung es sich hier handelt und mit welchem Namen man sie sachgemäß benennen soll. Zum Kreise der alten Kulturlandbewohner des Orients hat sie offenbar nicht gehört. Sie tritt erst zum Beginn des 2. Jrts. v. Chr. als etwas anscheinend Neues auf. Von einem eigenen Gesamtnamen, den sie sich gegeben hätte, erfahren wir in der bis jetzt bekannten Überlieferung nichts; und es ist auch an sich unwahrscheinlich, daß sie für sich selbst einen solchen Gesamtnamen je gehabt hätte. Aber auch die älteren Kulturlandbewohner haben diese so weit verzweigte Bevölkerung kaum mit einem Gesamtnamen zu benennen gewußt. Jedenfalls hören wir nirgends etwas davon; und das ist wohl auch wieder kein Zufall. Nun könnte die Frage der Benennung als ganz belanglos erscheinen; aber das ist doch nicht der Fall, wenn man nicht eine ganz willkürliche Benennung erfinden, sondern mit der Benennung etwas Zutreffendes zum Ausdruck bringen will; und auch die bisherigen Vorschläge der Benennung haben alle die Absicht gehabt, etwas Wesentliches über diese Bevölkerung auszusagen.

betont, daß dieser Name „akkadisch und nicht westsemitisch" sei, so scheint mir das nicht ganz richtig zu sein. Der Struktur nach ist er „westsemitisch", allerdings erscheint das verbale Element in einer „akkadisierten" bzw. „babylonisierten" Form. Dergleichen Fälle gibt es bei den „Mari-Namen" auch sonst. Daß es sich hierbei nur um eine formale Angleichung an die babylonische Sprache bzw. Aussprache handelt, ergibt sich aus der Tatsache, daß es gerade für das erste Element dieses Namens verschiedene Mischformen gegeben hat, die eine halbe „Akkadisierung" bzw. „Babylonisierung" des „westsemitischen" Namenelements aufweisen, so z. B. in *Iš-ma-*^{d}*Addu* (V 15,1) und andererseits in *Iš-me-eḫ-Ba-al* (VIII 13,7′) und vielleicht auch in dem leider schlecht erhaltenen Namen *I*[*š*]*-m*[*a-a*]*ḫ-Ba-al* (VIII 45,5). Vgl. auch das Nebeneinander von ^{d}*Ja-tu-*[*u*]*r-Me-e*[*r*] (VIII 6,10′) und ^{d}*I-túr-M*[*e*]*-er* (II 13,27). Dann ist auch der in einem noch unveröffentlichten Mari-Text (vgl. *A. Malamat*, JBL, a. a. O., S. 17) bezeugte Name eines Königs von Hazor, *Ibni-Addu*, zu den „westsemitischen" Namen mit babylonisierter Verbalform zu zählen, vgl. *Ja-ab-ni-AN* in den Amarnatafeln (328,4).

[42] Vgl. dazu das ausgezeichnete Buch von *J.-R. Kupper* über die Nomaden zur Zeit der Mari-Könige (vgl. Anm. 15).

Als ihre Personennamen bekanntzuwerden begannen, hat man diese Leute gern als „Westsemiten" bezeichnet. Das hat vor allem Fr. Hommel getan, der unter diesem Begriff „Westsemiten" alle Semiten außerhalb des Zweistromlandes („Ostsemiten") einschließlich der Araber zusammenfaßte[43] und die uns hier beschäftigende Bevölkerung speziell für arabisch hielt. Das hat sich in jeder Hinsicht als irrig erwiesen; weder läßt sich die Hommelsche Gegenüberstellung von Ostsemiten und Westsemiten in dieser Form aufrechterhalten, noch handelt es sich um eine arabische Bevölkerung, die damit das erste Auftreten von Arabern in der Weltgeschichte darstellen würde[44]. Aber selbst wenn man den Begriff „Westsemiten" auf die semitische Bevölkerung von Syrien-Palästina einschränkt und die südsemitischen Araber dabei aus dem Spiel läßt und wenn man auf der anderen Seite von dem Gedanken an arabische Herkunft der Mari-Leute und ihrer Verwandten absieht, bleibt die Bezeichnung „Westsemiten" unbefriedigend, weil sie zu unbestimmt ist. Allein vom Gesichtskreis des Zweistromlandes aus mag sie als einigermaßen sachgemäß erscheinen können, und in Ermangelung einer treffenderen Benennung mag ihr Gebrauch darum noch immer als leidlich gerechtfertigt akzeptiert werden können[45]. In Wirklichkeit sagt sie viel zuwenig aus, vor allem im Hinblick auf die Verhältnisse in Syrien-Palästina. Denn hier war alles „westsemitisch", was es überhaupt an semitischen Bewohnern gab. Durch die Funde und Forschungen der letzten Jahrzehnte ist jedoch mehr als deutlich geworden, daß es mehrere Schichten semitischer Bevölkerungen in Syrien-Palästina gegeben hat und daß die Verwandten der Mari-Leute nur eine von diesen Schichten darstellten, die man daher hier nicht mit der Allgemeinbezeichnung „Westsemiten" charakterisieren kann. Angesichts der mehr und mehr erkennbar gewordenen Kompliziertheit der Bevölkerungsverhältnisse in Syrien-Palästina im 2. Jrt. v. Chr. kann man diese Allgemeinbezeichnung nur als antiquiert ansprechen.

[43] *Fr. Hommel*, a. a. O. (vgl. Anm. 2), S. 53ff.

[44] Die Verbreitung „westsemitischer" Personennamen im alten Südarabien, mit der Hommel argumentiert, ist ein Problem für sich. Dieses Problem ist wahrscheinlich nicht zu lösen mit der Annahme (süd)arabischer Herkunft der „Westsemiten" im Zweistromland, sondern eher mit einer umgekehrten Annahme; vgl. dazu Vorläufiges bei *M. Noth*, Die israelitischen Personennamen im Rahmen der gemeinsemitischen Namengebung (Beiträge zur Wissenschaft vom Alten und Neuen Testament III 10 [1928]), S. 49ff.

[45] Vor allem dann, wenn man das Wort „westsemitisch" in Anführungsstriche setzt, um anzudeuten, daß es sich um einen speziellen und prägnanten Gebrauch handelt; so z. B. neuerdings *J.-R. Kupper*, a. a. O. (vgl. Anm. 15).

So ist denn auch schon vor ungefähr einem halben Jahrhundert eine andere Benennung aufgekommen[46], die sich weitgehend durchgesetzt hat und noch heute sehr ausgiebig gebraucht wird, nämlich die Benennung „Amoriter". Die Bedeutung dieses Namens ist klar. Er stammt ab von dem akkadischen Wort *amurrum* = „Westland" und ist identisch mit dem davon abgeleiteten akkadischen Gentilicium *amurrūm*, das die im „Westland" wohnenden oder aus dem „Westland" stammenden Leute bezeichnet[47]. Er könnte daher, abgesehen davon, daß er nur eine geographische und nicht eine ethnologische Aussage machen will, als Doppelgänger des Begriffs „Westsemiten" aufgefaßt werden und hätte noch den Vorzug, daß er als ein aus dem Akkadischen stammendes Wort erkennen läßt, daß er vom Standpunkt des Zweistromlandes aus verstanden sein will. Aber dieser Name ist im vorliegenden Falle nicht nur wieder reichlich unbestimmt, sondern sachlich falsch. Th. Bauer[48] konnte bereits 1926 zeigen, daß das akkadische *amurrūm* nicht speziell auf die Träger der sogenannten „westsemitischen" Personennamen angewandt worden ist und schon gar nicht eine allgemeine akkadische Gesamtbezeichnung für sie hergegeben hat. Das sehr viel reichere Quellenmaterial, das inzwischen die Mari-Texte geliefert haben, hat seine These nur bestätigt; und so kommt denn auch J. R. Kupper in einer gründlichen Untersuchung dieser Frage[49] zu dem Schluß, daß das Wort *amurrūm*, das auch in den Mari-Texten nicht selten und besonders in bestimmten festen Wortverbindungen auftritt[50], älter ist als das Auftreten der Träger jener charakteristischen Personennamen[51] und daß es nicht zur Bezeichnung der Bevölkerungsschicht dieser Träger gedient hat. Trotz dieser gründlich fundierten Einwände erfreut sich die Benennung „Amoriter" zur Zeit einer großen Verbreitung; und das ist nicht nur unsachgemäß, sondern gefährlich. Denn es handelt sich hier nicht nur um eine belanglose Frage der wissenschaftlichen Nomenklatur und um eine Verlegenheitslösung des Problems einer praktischen Benennung einer geschichtlichen Erscheinung, für die ein genuiner alter

[46] So u. a. *A. T. Clay*, The Empire of the Amorites (Yale Oriental Series. Researches Vol. VI [1919]).

[47] Die Herkunft und ursprüngliche konkrete Bedeutung dieses Namens bzw. Wortes ist sehr schwer zu bestimmen und kann hier auf sich beruhen bleiben.

[48] *Th. Bauer*, a. a. O. (vgl. Anm. 4), S. 82ff. Anders, aber nicht überzeugend, neuerdings *D. O. Edzard* (vgl. Anm. 56), S. 30ff.

[49] *J.-R. Kupper*, a. a. O. (vgl. Anm. 15), S. 147ff., 260ff.

[50] Vgl. die Nachweise bei *Bottéro-Finet*, a. a. O. (vgl. Anm. 13), S. 223.

[51] Es ist dafür doch wohl auch symptomatisch, daß dieses Wort mit seinen Ableitungen – auch in den Mari-Texten – meist ideographisch geschrieben erscheint.

Name nicht überliefert ist. Vielmehr suggeriert die Benennung „Amoriter“ bestimmte geschichtliche Zusammenhänge, und sie soll offenbar vielfach auch solche Zusammenhänge suggerieren. Diese Zusammenhänge aber sind nicht nur fragwürdig, sondern, wie mir scheint, nicht vorhanden; und da sie in den Fragenkreis um die Ursprünge des alten Israel hineinspielen, ist es wichtig, hier Klarheit zu schaffen. Das Wort *amurrūm* hat nicht nur, wie schon gesagt, seit alters je nach Lage die vom Zweistromland aus gesehen „westlichen Leute“ bezeichnet, sondern es hat auch einem Staatsgebilde im mittleren Syrien im 15./14. Jh. v. Chr., das nicht nur in den Amarnatafeln, sondern auch in hethitischen und ägyptischen Texten öfter erwähnt wird, den Namen gegeben[52]; und außerdem wird im Alten Testament mit dem Begriff „Amoriter“ teils mehr oder weniger allgemein die vorisraelitische Bevölkerung des palästinischen Kulturlandes, teils dieser oder jener Teil der vorisraelitischen Stadtbevölkerung bezeichnet. Die beiden letzteren Verwendungsweisen haben aller Wahrscheinlichkeit nach nur dies miteinander gemein, daß sie sich beide von dem akkadischen *amurrūm* herleiten; über geschichtliche Zusammenhänge besagt dann die Gemeinsamkeit der Benennung nichts. Gebraucht man nun unsachgemäß die Bezeichnung *amurrūm*/Amoriter für die Mari-Leute und ihre Verwandten, dann wird der Eindruck hervorgerufen, als bestehe zwischen diesen und dem mittelsyrischen Staat der Spätbronzezeit und der vorisraelitischen Bevölkerung Palästinas eine Verbindung auf der Ebene der gleichen Bevölkerungsschicht. Das aber ist irreführend, zumal die Mari-Leute eher mit dem alten Israel selbst als mit der vorisraelitischen Landesbevölkerung zusammengehören.

Th. Bauer hat, um der mit Recht von ihm abgelehnten Benennung „Amoriter“ eine sachgemäßere Benennung gegenüberzustellen, schon im Titel seines Buches die Benennung „Ostkanaanäer“ vorgeschlagen[53]. Leider trifft auch diese Benennung die Sache nicht, weil sie den komplizierten Bevölkerungsverhältnissen in Syrien-Palästina nicht gerecht wird[54]. Wenn es einen Sinn hat, den aus dem Alten Testament stammenden und hier die Gesamtheit der vorisraelitischen Bevölkerung von Palästina und auch Syrien kennzeichnenden Namen „Kanaanäer“ in der wissenschaft-

[52] Einiges Material dazu bei *Honigmann-Forrer*, Amurru (Reallexikon der Assyriologie I [1932], S. 99–101).

[53] Vgl. Anm. 4. Zuerst hat m. W. *B. Landsberger* diesen Vorschlag gemacht.

[54] Vom Gesichtskreis der Assyriologie aus ist die Frage der zutreffenden Benennung nicht leicht zu beantworten, da die Verhältnisse in Syrien-Palästina unter allen Umständen mit ins Auge gefaßt werden müssen.

lichen Terminologie in einer konventionell gewordenen Bedeutung zu gebrauchen, so kann man ihn sachgemäß nur anwenden auf die älteste uns bisher bekannte semitische Bevölkerung von Syrien-Palästina, wie sie anscheinend besonders in den später phönikischen Küsten- und Handelsstädten sich festgesetzt hat[55]. Zu dieser ältesten und schon längst angesessenen semitischen Schicht aber haben die Verwandten der Mari-Leute offenbar nicht gehört; vielmehr spricht alle Wahrscheinlichkeit dafür, daß sie auch in Syrien-Palästina erst nach dem Beginn des 2. Jrts. v. Chr. zugewandert sind, vermutlich etwa gleichzeitig mit ihrem ersten Auftreten im Zweistromland. Nun mag die Bezeichnung „Ostkanaanäer" unverfänglich sein; denn sie ist als moderne künstliche Bildung sofort erkennbar und ruft nicht notwendig falsche Assoziationen hervor[56]. Sie könnte notfalls auch auf die syrisch-palästinischen Verhältnisse angewandt werden, wenn man nur genau weiß, was damit gemeint ist. Aber sie entspricht doch eben der Sache nicht recht; und so entsteht die Frage, ob sich die Eigenart der Mari-Leute und ihrer Verwandten nicht doch genauer bestimmen und in einer sachgemäßeren Bezeichnung zum Ausdruck bringen läßt.

Das scheint mir nun in der Tat der Fall zu sein. Man wird dabei einmal auf die Personennamen zurückgreifen, vor allem aber mit den Spuren der angestammten Sprache der Mari-Leute argumentieren müssen, die sich als Lehnworte in dem Altbabylonischen der Mari-Texte erhalten haben. Die vielfältigen Beziehungen zum alten Israel können zunächst nicht herangezogen werden, da ja dieses alte Israel für uns vorerst noch eine Unbekannte ist, zu deren Auflösung eben erst die neuerschlossenen Beziehungen zu den Mari-Texten beitragen sollen. Das gilt auch für die Verbindungslinien zwischen der angestammten Sprache der Mari-Leute und der Sprache des Alten Testaments. Denn auch auf diesem Gebiet ist die Lage reichlich kompliziert; und es muß gefragt werden, zu welchen Elementen des Hebräischen die Verbindungen von Mari aus führen. Es ist längst auf den „Mischcharakter" des alttestamentlichen Hebräisch

[55] Die außeralttestamentlichen, keilschriftlichen und hieroglyphischen Vorkommen des Namens „Kanaan" aus der Spätbronzezeit haben vor allem die phönikische Küste im Auge.

[56] Darum ist es ganz abwegig, an die Stelle des durch *B. Landsberger* und *Th. Bauer* eingeführten Begriffs „Ostkanaanäer" jetzt einfach den durch eine wissenschaftliche Tradition in bestimmter Weise geprägten Begriff „Kannanäer" zu setzen, wie es bei *D. O. Edzard*, Die „zweite Zwischenzeit" Babyloniens (1957), S. 4ff. (vgl. besonders S. 30, Anm. 127), geschieht. Dadurch wird nur erneut Verwirrung gestiftet.

hingewiesen worden[57], auf das Nebeneinander von Elementen einer älteren und einer jüngeren Schicht. Es liegt nahe, anzunehmen, daß ähnlich, wie es bei den Mari-Leuten nachweislich der Fall gewesen ist, auch die alten israelitischen Stämme die Sprache des Kulturlandes übernahmen, in dem sie sich ansiedelten, zugleich aber Elemente ihrer älteren angestammten Sprache mit in ihre neue Sprache eingehen ließen[58]. Auf der anderen Seite hat das spätalttestamentliche und das nachalttestamentliche Hebräisch stark unter dem Einfluß der damals weit verbreiteten aramäischen Dialekte gestanden und ist in seinem Wortbestand und in seiner Phraseologie weitgehend aramäisch durchsetzt gewesen. Man kann also jedenfalls nicht mit einem einheitlichen Hebräisch rechnen. Manches spricht dafür, daß auch das alte Hebräisch bereits auf einer kanaanäisch-aramäischen Dialektmischung beruhte.

Schon die Übersicht über die Verbreitung der für die Zuwanderer im Zweistromland so charakteristischen Personennamentypen konnte den Schluß nahelegen, daß wir es hier mit dem ersten Auftreten von Aramäern zu tun haben; und so habe ich 1928 vorgeschlagen, diese Zuwanderer als „Proto-Aramäer" zu bezeichnen[59]. Die Basis der Personennamen war freilich ziemlich schmal, vor allem deswegen, weil wir so wenig an Personennamen aus den Kreisen der alten ausdrücklich als Aramäer bezeichneten Gruppen kennen[60]. Inzwischen ist, wie gezeigt, durch die Mari-Texte einiges über die angestammte Sprache der Träger jener Personennamen bekanntgeworden; das ist zwar auch nicht eben sehr viel, aber doch wesentlich eindeutiger und weist offenkundig in dieselbe Richtung wie die Personennamen. Man kann daher mit gutem Grund die Benennung „Proto-Aramäer" wieder aufnehmen.

Von den oben behandelten Worten für ursprüngliche Gemeinschaftsformen und deren Lebensbereiche kann der Begriff *gājum*/גוי im hiesigen Zusammenhang nicht viel besagen, da er auf die Mari-Texte und

[57] Vgl. u. a. *H. Bauer*, Zur Frage der Sprachmischung im Hebräischen (1924).

[58] Ähnlich könnten die Verhältnisse im alten Ugarit gewesen sein, das eine den Mari-Leuten verwandte Herrenschicht gehabt hat. Daraus ist vielleicht die Unsicherheit zu erklären, ob das Ugaritische als kanaanäisch oder aramäisch oder als eine Sprache eigener Art anzusprechen sei.

[59] *M. Noth*, a. a. O. (vgl. Anm. 44), S. 44ff.

[60] Ich habe daher dann zunächst auf die Bezeichnung „Proto-Aramäer" wieder verzichtet (Zeitschrift des Deutschen Palästina-Vereins 65 [1942], S. 34, Anm. 2), inzwischen aber auf Grund der fortschreitenden Publikation der Mari-Texte schon auf dem Gebiet der Personennamen weitere Argumente für die „proto-aramäische" These beibringen können (vgl. Mari und Israel [s. o. Anm. 7], S. 149ff.).

das Alte Testament sich beschränkt. Der Begriff *ḫibrum*/חבר hingegen ist mit Wahrscheinlichkeit im Hebräischen als ein Aramaismus anzusprechen, da er mit seinem Wortstamm speziell in den aramäischen Dialekten geläufig ist. Ähnliches gilt für den Begriff *nawūm*/נוה[61]. Ganz eindeutig ist der Sachverhalt bei dem Begriff *kaprum*/כפר. Dieses Wort ist dem Alten Testament bekannt (vgl. 1. Sam. 6,18), und zwar als ein deutlicher Aramaismus; denn es kommt einmal vor in dem alten Ortsnamen כפר העמני (Jos. 18,24)[62] und in der späten, aramaisierenden Sprache des Alten Testaments (1. Chr. 27,25; Neh. 6,2), ist dann aber vor allem in nachalttestamentlicher Zeit zu einem so charakteristischen Element aramäischer Ortsnamenbildung geworden, daß man diese Bildungen geradezu als ein Merkmal für Siedlungsgründungen aramäisch sprechender Menschen verwenden kann[63]. In dem terminus technicus „Eseltöten" ist zwar das Element „Esel" nicht sicher einer bestimmten semitischen Dialektgruppe zuzuweisen, um so eindeutiger aber das Element „töten" als ein aramäisches Wort anzusprechen, das nur an drei späthebräischen Stellen des Alten Testaments vorkommt, aber nicht der übliche alttestamentlich-hebräische Ausdruck für „töten" ist, jedoch schon im alttestamentlichen Aramäisch häufig erscheint und in allen bekannten aramäischen Dialekten das allgemeine Wort für den Begriff „töten" ist.

Das Bedenken, daß der Gesamtname „Aramäer" urkundlich erst vom 12. Jh. v. Chr. sicher belegt ist, wiegt nicht schwer. Denn erstens ist der Name „Aram" als solcher schon Jahrhunderte früher nachzuweisen, wenn auch noch nicht in der späteren umfassenden Bedeutung[64]; sodann aber ist gar nicht zu erwarten, daß eine vielfach verzweigte Völkerbewegung von Anfang an einen Gesamtnamen gehabt oder bekommen hat. Es ist eine Frage für sich, unter welchen Umständen und in welcher Weise die Bezeichnung „Aram" als Gesamtname schließlich aufgekommen ist. Auch die Tatsache, daß es zu der Bildung der später bekannten aramäischen Staaten erst in den letzten Jahrhunderten des 2. Jrts. v. Chr. gekommen

[61] Vgl. dazu das syrische *nāwīṯā*.

[62] Der Name bedeutet „Ammoniter-Speicher" (vgl. o. S. 16); die Ammoniter aber sind so gut wie sicher zu den Aramäern zu zählen.

[63] Vgl. dazu *B. S. J. Isserlin*, Proceedings of the Leeds Philosophical Society 8 (1956), S. 97f.

[64] Vgl. *A. Dupont-Sommer*, Sur les débuts de l'histoire Araméenne (Vetus Testamentum Suppl. I [1953], S. 40–49). Die von *Dupont-Sommer* gesammelten Belege bedürfen von Fall zu Fall noch einer genaueren Interpretation, die einer gesonderten Untersuchung vorbehalten bleiben soll.

ist, spricht nicht dagegen, daß schon Jahrhunderte früher die Vorfahren dieser Aramäer, die „Proto-Aramäer", in die Geschichte des vorderen Orients eingetreten sind. Man braucht nur daran zu erinnern, daß die späteren Araber, deren Name bereits in spätassyrischen Königsinschriften und im späten Alten Testament erscheint, schon vor Muhammed mehr als ein Jahrtausend lang in die Kulturländer des vorderen Orients vorgestoßen sind und je nach Lage und Möglichkeit hier und da sich der Herrschaft bemächtigt und Staaten von kürzerer oder längerer Dauer gebildet haben. Was die Aramäer anlangt, so bot ihnen vor allem der Zusammenbruch der ägyptisch-hethitischen Herrschaft in Syrien-Palästina die gern genutzte Chance zur Bildung neuer eigener Staatswesen von etwa 1200 v. Chr. an[65].

IV. Schlußfolgerungen zum Thema der Ursprünge des alten Israel

Aus alledem ergibt sich für das Problem der Ursprünge des alten Israel etwas Positives und etwas Negatives. Als positiv zutreffend erweist sich die alttestamentliche Überlieferung, daß die nächsten Verwandten der Ahnen Israels Aramäer waren. Der „Aramäer Laban" (Gen. 31,20.24 J; 25,20 P) war nach Gen. 20,22; 24,24.29 u. a. ein Neffe zweiten Grades und zugleich Schwager des Isaak und außerdem nach Gen. 29,1ff. ein Vetter zweiten Grades und zugleich zwiefach Schwiegervater des Jakob. Hiermit wird die aramäische Verwandtschaft und Verschwägerung der alttestamentlichen Erzväter geradezu geflissentlich betont. In Dtn. 26,5 aber wird der Ahnherr Israels – und dabei dürfte an Jakob gedacht sein – selbst als ein „Aramäer" bezeichnet[66]. Die aramäische Abstammung Israels, die damit ausgesagt ist, bestätigt sich an den jetzt erschlossenen außeralttestamentlichen Quellen. Die alttestamentliche Überlieferung weiß auch etwas darüber zu sagen, aus welchem Bereich des so weit verbreiteten Aramäertums die Ahnen Israels gekommen sind. Der Knecht Abrahams, der nach Gen. 24 ausgeschickt wird in das „Heimatland" (V. 4) seines Herrn, um aus dessen Verwandtenkreis eine Frau für den Sohn seines Herrn zu holen, begibt sich nach dem Lande „Aram-Naharaim", dem Aramäerland an den beiden Flüssen, und mit diesen „beiden Flüssen" dürfte der Euphrat mit einem seiner beiden linken Nebenflüsse, wahr-

[65] Weiteres Material zum Nachweis aramäischer Elemente in der angestammten Sprache der Mari-Leute im Anhang u. S. 33 ff.

[66] Diese Bezeichnung bedarf freilich einer genaueren Interpretation.

scheinlich dem Baliḫu (*nahr belīch*), gemeint sein[67]. In diese Gegend weist auch die Nennung der Stadt Haran in der alttestamentlichen Erzväterüberlieferung; von Haran war nach Gen. 11,31; 12,4.5 P Abraham aufgebrochen, als er sich aufmachte, in das Land seiner späteren Nachkommen zu ziehen, und nach Gen. 27,43; 28,10; 29,4 suchte Jakob auf seiner Flucht vor Esau eben dieses Haran auf, um sich zu den Verwandten seiner Mutter zu begeben. Haran aber lag im Gebiet des oberen Baliḫu. Nun läßt sich aus außeralttestamentlichen Quellen natürlich keine Bestätigung für diese spezielle Herkunftsangabe der Ahnen Israels gewinnen; aber immerhin zeigen die Mari-Texte, daß am mittleren Euphrat und an seinen beiden linken Nebenflüssen der Schwerpunkt der „proto-aramäischen" Zuwanderung gelegen hatte; und so erscheint die alttestamentliche Überlieferung, die den Ausgangspunkt der Erzväter gerade in dieser Gegend sucht, wenigstens als in sich geschichtlich nicht nur möglich, sondern auch wahrscheinlich.

Auf der anderen Seite zeigt negativ der vorgeführte Sachverhalt, daß es nicht möglich ist, über die Umstände und vor allem über die Zeit der Anfänge Israels, d. h. der Zuwanderung der Ahnen Israels in das später von ihren Nachkommen in weitem Umfang in Besitz genommene Land, durch die bisher bekannten außeralttestamentlichen Quellen genauere Auskunft zu erhalten. Man kann nur warnen vor voreiligen Kurzschlüssen im Bereich dieses Fragenkomplexes. Wenn es richtig ist, daß die Mari-Leute und ihre Verwandten „Proto-Aramäer" waren, dann haben wir es mit einer weit ausgedehnten und über eine lange Zeit hin sich erstreckenden Wanderungsbewegung zu tun, mit einem geschichtlichen Vorgang, der nach Zeit und Ort und Umständen in einer Fülle verschiedenster Möglichkeiten verlaufen ist. Schon die im Grunde kurze Episode im Verlauf dieses Vorgangs, die durch die Mari-Texte so überraschend erhellt worden ist, zeigt etwas von der Fülle dieser Möglichkeiten. Es gab Gruppen unter den „Proto-Aramäern", denen es gelang, in älteren politischen und kulturellen Zentren zur Herrschaft zu gelangen; andere Gruppen finden wir im Stadium des allmählichen Übergangs vom nichtseßhaften zum seßhaften Leben, der in der Regel zu einer Symbiose mit den älteren Kulturland-

[67] Daß mit den „beiden Flüssen" Euphrat und Tigris gemeint seien, ist ganz unwahrscheinlich, einmal weil sie in der in Frage kommenden Gegend viel zuweit voneinander entfernt sind, um unter diesem Begriff zusammengefaßt werden zu können, und außerdem, weil die Aramäer, soviel wir sehen, gar nicht wesentlich bis in das Tigrisgebiet gelangt sind, von vereinzelten Vorstößen abgesehen. Anders *R. T. O'Callaghan*, Aram Naharaim (Analecta Orientalia 26 [1948]).

bewohnern führte; wieder andere verharrten noch länger in der halbnomadischen oder nomadischen Lebensweise an den Kulturlandrändern oder weiter draußen in der Steppe und waren damit zugleich noch beweglich und gegebenenfalls zu weiteren Wanderungen disponiert. Es ist nicht gerechtfertigt, die Geschichte der Ahnen Israels mit einer der uns zufällig bekanntgewordenen Bewegungen der „Proto-Aramäer" in einen speziellen geschichtlichen Zusammenhang zu bringen. Von solchen Bewegungen erfahren wir vor allem in den Fällen, in denen sie irgendwo zu Dynastiegründungen und sonstigen Herrschaftsbildungen geführt haben. Dazu haben die Wanderungen der Ahnen Israels zunächst gerade nicht geführt.

Es hat seltsamerweise von Anfang an die Tendenz bestanden, die Entdeckung von Beziehungen des alten Israel zu bestimmten Erscheinungen in der altorientalischen Welt in dem Sinne auszuwerten, daß damit die Untersuchung der alttestamentlichen Überlieferung selbst mehr oder weniger entbehrlich werde, weil vermeintlich die außeralttestamentlichen Quellen die Berechtigung zu kritischen Fragen nach Herkunft und Aussagewert alttestamentlicher Überlieferungen von vornherein abschneiden, indem sie den Inhalt dieser Überlieferungen in einer sehr primitiv verstandenen Weise bestätigen[68]; und diese Tendenz ist bis heute lebendig geblieben oder vielmehr heute erneut wieder sehr lebendig geworden. Diese Tendenz ist ganz sicher nicht sachgemäß. Die Mari-Texte haben mit ihren vielfältigen Beziehungen zum alten Israel den geschichtlichen Rahmen sehr konkret deutlich werden lassen, in den die Ursprünge des alten Israel hineingehören; sie haben aber zugleich das geschichtliche Bild erstaunlich bereichert und damit tiefere Einblicke in die Menge und Verschiedenheit geschichtlicher Abläufe und Möglichkeiten gewährt, wie sie im alten vorderen Orient des zweiten vorchristlichen Jahrtausends bestanden. Im Hinblick auf diesen geschichtlichen Rahmen ist es erst recht erforderlich, die alttestamentliche Überlieferung auf ihren geschichtlichen Gehalt hin zu prüfen. Denn über die Einzelheiten der Anfänge Israels kann bis jetzt doch nur die eigene israelitische Überlieferung Auskunft geben; und es ist auch kaum zu erwarten, daß das einmal anders werden wird. Ebenso selbstverständlich ist andererseits, daß diese Überlieferung ständig im Zusammenhang gesehen werden muß mit dem, was uns über die altorientalische Umwelt Israels bekannt ist.

[68] Sehr bezeichnend ist in dieser Hinsicht der Untertitel des o., Anm. 2, genannten Buches von *Fr. Hommel* über die altisraelitische Überlieferung: „Ein Einspruch gegen die Aufstellungen der modernen Pentateuchkritik."

Anhang

Nichtakkadische Worte der Mari-Sprache

Eine vorläufige Zusammenstellung

akdamātum und *aḫarātum*. Zu den Belegstellen und der Bedeutung vgl. o., S. 14. Der Form nach sind beide Worte feminine Plurale. Die Grundform scheint eine *af'al*-Bildung zu sein (auch *aḫarātum* dürfte entsprechend *akdamātum* ein *a'ḫarātum* wiedergeben). Das ist sehr auffallend. Denn alte *af'al*-Bildungen sind in den semitischen Sprachen sehr selten, da der arabische Elativ, der auch im Arabischen erst verhältnismäßig spät aufgekommen ist, als eine besondere Erscheinung außer Betracht zu lassen ist. Alte *af'al*-Bildungen haben wir sonst nur in ein paar hebräischen Worten wie אכזב, אכזר, איתן[69]. Daß diese aus dem ältesten Aramäisch stammen und sich im übrigen verloren haben, dafür könnte die Tatsache sprechen, daß wir wenigstens in dem Namen *Aḫlamu* eine offenbare *af'al*-Bildung im ältesten Aramäisch finden. Der mit dem Namen *Aḫlamu* benannte Stämmeverband wird in assyrischen Inschriften von Tiglatpileser I. an ausdrücklich als aramäisch charakterisiert. Dieser Stammesname selbst (ohne die Bezeichnung „aramäisch") ist noch älter und in Quellen vom 14. Jh. v. Chr. an mehrfach belegt[70]. Als individueller Personenname kommt *Aḫlamu* bereits in den Mari-Texten vor[71].

baddum (II 30,[1'].9') wird von *G. R. Driver* (bei *Bottéro-Finet*, a. a. O. [vgl. Anm. 13], S. 192) mit dem hebräischen בד in Jes. 44,25; Jer. 50,36 in der Bedeutung „Wahrsager" (?) zusammengestellt. Das Wort wäre dann wohl mit dem in späteren aramäischen Dialekten vorkommenden

[69] Vgl. *C. Brockelmann*, Grundriß der vergleichenden Grammatik der semitischen Sprachen I (1908), S. 373, § 189aδ.

[70] Das Wichtigste bei *E. Unger*, *Aḫlamê* (Reallexikon der Assyriologie I [1932], S. 57f.).

[71] In noch unveröffentlichten Texten (vgl. *A. Dupont-Sommer*, a. a. O. [s. Anm. 64], S. 43, Anm. 2, S. 44). – Zu *aḫarātum* vgl. auch *W. v. Soden*, Orientalia N. S. 18 (1949), S. 391f.

Stamm בדא = „ersinnen", „erdenken" zusammenzubringen; vgl. aber auch das phönikische בד = „leeres Geschwätz".

beḫrum bzw. *ṣābum beḫrum* (I 22,23; II 140,22; III 7,13; V 1,5'; 3,14; 61,9'; VII 185, I 5'.8'.17'; 198, II 4') = „Elite(-Truppe)" kommt auch in einem Brief Hammurabis, der selbst zu den „Verwandten der Mari-Leute" gehörte, vor (*A. Ungnad*, Babylonische Briefe aus der Zeit der Ḫammurapi-Dynastie [Vorderasiatische Bibliothek 6 (1914)], Nr. 2,21; vgl. auch *Ch.-F. Jean*, Revue d'Assyriologie et d'Archéologie Orientale 36 [1939], S. 112). Das Wort ist nach Stamm und Bedeutung dem alttestamentlichen terminus technicus בחורים, der ebenfalls die junge, kriegstüchtige Mannschaft bezeichnet, nächst verwandt. Unerklärt bleibt nur die Verschiedenheit der Nominalform; *beḫrum* dürfte ein Kollektivum sein, während in בחורים der numerische Plural des Singulars בחור vorliegt. Das zugehörige Verbum ist „ursemitisch" (vgl. akkadisch *bēru*), außerhalb des Akkadischen aber einmal dem alttestamentlichen Hebräisch geläufig und dann vor allem den aramäischen Dialekten (jüdisch-aramäisch, christlich-palästinisch-aramäisch, syrisch) eigen. Es darf danach als Aramaismus angesprochen werden.

gājum/גוי; vgl. o., S. 15. Dieses Wort kommt ebenfalls vor in dem auch in seinem ersten Element nichtakkadischen Personennamen *Baḫlu-gā(j)i(m)* (V 87,5; VII 168,5; 189,3; 205,12; 227,12'.20'; VIII 54,3'.15'); dieser Name könnte danach aus einer Art Amtsbezeichnung hervorgegangen sein.

ḫibrum; vgl. o., S. 15f. Der Stamm חבר ist im Alten Testament mit seinen verschiedenen Ableitungen häufig vertreten. Allerdings muß dabei unterschieden werden zwischen den ursprünglich verschiedenen Stämmen *ḥbr* und *ḫbr* (vgl. das Nebeneinander von *ḥbr* und *ḫbr* im Ugaritischen; die Belege bei *C. H. Gordon*, Ugaritic Manual [1955], S. 261.265), wobei dem ersteren der Begriff „Gefährte" und dem letzteren der Begriff „Gemeinschaft", „Verband" innewohnt. Das Mari-Wort *ḫibrum* gehört zu dem letzteren. Im Ugaritischen ist bemerkenswert vor allem die Wortverbindung *bt ḫbr*, zu der das alt- und mittelassyrische *bīt ḫubūri* (als Lehnwort?) und das alttestamentliche בית חבר (Prov. 21,9; 25,24) zu vergleichen ist (vgl. auch *B. Maisler*, Bulletin of the American Schools of Oriental Research 102 [1946], S. 10, mit dem Hinweis auf das *ḫbr* des ägyptischen Wen-Amon-Berichts). Die komplizierten Beziehungsverhältnisse sind noch nicht recht aufgeklärt. Jedenfalls ist das hebräische חבר = „Verband" mit seinen Derivaten vor allem im späten Hebräisch bezeugt, wozu auch die Formel חבר היהדים auf hasmonäischen Münzen zu vergleichen ist; und außerdem ist dieser Stamm im jüdischen Aramäisch belegt, also doch wohl in den aramäischen Dialekten bekannt gewesen.

ḫajarum, geschrieben teil *ḫārum*, teils *ajarum* (vgl. *Bottéro-Finet*, a. a. O., S. 204) = „Esel(hengst)" (vgl. o., S. 21) entspricht dem ugaritischen *ʿr* und dem hebräischen עַיִר.

ḫazzum (II 37,8.10) „Ziege". Das Wort ist an sich allgemein semitisch (vgl. akkadisch *enzu*), in dieser Form aber nicht akkadisch, sondern „westsemitisch" = hebräisch עז (vgl. *W. v. Soden*, Orientalia N. S. 22 [1953], S. 197). Die Form עז oder die nicht assimilierte Form ענז ist in den kanaanäischen und aramäischen Dialekten vielfach belegt.

ḫakūm (IV 22,19) = „(er)warten", nach *G. Dossin*, Archives Royales de Mari IV (1951), S. 130, mit dem hebräischen Verbum חכה zusammenzustellen, da das Wort jedenfalls sonst im Akkadischen nicht belegt ist. Das dürfte sehr wahrscheinlich sein. Das Hebräische hat zwei sinnverwandte Verba für „warten", „hoffen": קוה und חכה. Zu dem ersteren vgl. *P. A. H. de Boer*, Étude sur le sens de la racine *qwh* (Oudtestamentische Studiën 10 [1954], S. 225–246); es ist das im Alten Testament bei weitem häufiger gebrauchte Verbum und ist sonst noch in derselben Form und Bedeutung im Syrischen bekannt, während חכה noch im jüdischen Aramäisch vorkommt. Wenn man annehmen könnte, was grundsätzlich möglich ist, daß es sich im Syrischen um einen Hebraismus handelt, könnte man neben dem eigentlich hebräischen קוה in חכה einen Aramaismus in der Sprache des Alten Testaments vermuten; aber sicher ist das natürlich nicht.

ḫamḳum (II 107,22f.; III 30,9.14.27) = „Tiefebene", „Flußniederung" ist ein eindeutig nichtakkadisches Wort. Es ist der Sprache des Alten Testaments ganz geläufig (עמק) und außerhalb des Alten Testaments mit seinem Stamm *ʿmḳ* („tief sein") vor allem im aramäischen Bereich bezeugt (schon in der ZKR-Inschrift, dann im biblischen und jüdischen Aramäisch und im Syrischen); vgl. auch die Landschaftsnamen *Amki* in den Amarnatafeln und *Unḳi* in assyrischen Inschriften, letzteres jedenfalls in einem Gebiet aramäischer Siedlung. Da das Nomen *ʿmḳ* auch im Ugaritischen belegt ist, ist es vielleicht auch in den kanaanäischen Dialekten heimisch gewesen.

ḫanūm (V 15,7) wird von *G. Dossin* (Archives Royales de Mari V [1952], S. 128) mit חנה zusammengebracht. Sehr sicher ist das nicht (vgl. *Bottéro-*

Finet, a. a. O. [vgl. Anm. 13], S. 204). Zu dem im Hebräischen häufigen חנה ist zu sagen, daß es seine Entsprechungen in den meisten aramäischen Dialekten hat, allerdings wahrscheinlich auch dem Kanaanäischen nicht fremd war.

ḫaṣarum (II 43,7), plur. *ḫaṣirātum* (*G. Dossin*, Benjaminites, a. a. O., [vgl. Anm. 10], S. 989f.) = „Pferch", „Kleinviehhürde" stimmt nach Form und Bedeutung völlig mit dem alttestamentlichen חצר, plur. חצרים und חצרות, überein. Da die mit dem Wort bezeichnete Sache dem Lebensbereich der Kleinviehhirten angehört, ist es begreiflich, daß die Mari-Leute in diesem Falle ein Wort aus ihrer eigenen Sprache verwendeten. Außerhalb des Alten Testaments ist das Wort in verschiedenen kanaanäischen und aramäischen Dialekten belegt (vgl. *Ch.-F. Jean*, Dictionnaire des inscriptions Sémitiques de l'ouest [1954], S. 100). Im Alten Testament erscheint es ziemlich häufig als Ortsnamenbildungselement. Es hat dann im Alten Testament die Bedeutung „Hof (eines Heiligtums)" angenommen (so auch im Ugaritischen und Phönikischen) und ist zu dem üblichen Ausdruck für den „Vorhof" bzw. die „Vorhöfe" des Jerusalemer Tempels geworden. Wie sich das erst im Neubabylonischen belegte Wort *ḫaṣaru* (vgl. The Assyrian Dictionary VI [1956], S. 130) dazu verhält, ist eine Frage für sich. Da das letztere „an enclosed area for the delivery of dates" bezeichnet, liegt die Annahme einer sekundären Bedeutungsentwicklung desselben Wortes (also eines Lehnwortes im Akkadischen) sehr nahe.

kaprum. Vgl. o., S. 16.29.

kaṣūm (*ḳaṣūm*) = „Rand", „Ende", nach *G. Dossin*, Archives Royales de Mari V (1952), S. 132f. (hier auch die Stellenangaben), mit dem hebräischen קָצֶה zu vergleichen. Dieses Wort kommt von der Wurzel קצה „abschneiden", die sowohl dem Phönikischen wie verschiedenen aramäischen Dialekten bekannt ist. Zur partiellen Dissimilation *ḳaṣūm* > *kaṣūm* vgl. *W. Geers*, Journal of Near Eastern Studies 4 (1945), S. 65–67. Mit dem „abgeschnittenen Rand" könnte speziell der sehr ausgeprägte Absatz zwischen der Flußniederung des mittleren Euphrat und der umgebenden Wüste gemeint sein.

maskabtum (nach *G. R. Driver: maškabtum*) = „Lager", „Bett". *J.-R. Kupper*, Archives Royales de Mari III (1950), S. 114, verweist dazu auf das hebräische משכב, das zu der im Kanaanäischen und Aramäischen bekannten Wurzel שכב gehört.

nàwûm (Stellen bei *Bottéro-Finet*, a. a. O., S. 237) = „Steppe". Vgl. o., S. 16.29.

naḫālum (I 91,6′; VIII 11,26; 12,5; 13,4.9; 14,5); *niḫlātum* (I 91,6′). Vgl. o., S. 18f. Der Stamm *nḥl* ist auch im Ugaritischen vertreten, sonst nur noch im Südarabischen (und Arabischen) belegt.

sablum (II [5,29;] 67,5; 88,9; III 38,5.10) = „Arbeitsgruppe". *J.-R. Kupper*, a. a. O., S. 116, verweist für dieses nichtakkadische Wort auf das hebräische סֵבֶל, das in 1. Kön. 11,28 die „Fronarbeit" bezeichnet und seinerseits von dem im Hebräischen mit verschiedenen Ableitungen nicht selten vorkommenden Stamm סבל = „tragen" sich herleitet. Dieser Stamm ist in den aramäischen Dialekten vom biblischen Aramäisch bis zum Syrischen geläufig als der wichtigste Ausdruck für den Begriff „tragen". Das Nebeneinander von נשׂא und סבל im Hebräischen könnte dafür sprechen, daß in der Sprache des Alten Testaments סבל altes aramäisches Erbgut war.

sagbum = „Wachposten" (die Stellen bei *Bottéro-Finet*, a. a. O., S. 252), nach *G. Dossin*, Archives Royales de Mari V (1952), S. 123 (hier auch Hinweis auf einige Vorkommen in noch unveröffentlichten Texten) mit dem hebräischen Stamm שׂגב zusammenzubringen; das ist gewiß richtig (zu *s* = שׂ vgl. z. B. (*Bānu-*)*sim'āl* = שׂמאל). Nun ist das Verbum שׂגב (eigentlich „stark, unangreifbar sein") außer im Alten Testament (mit der Ableitung משׂגב = „Burg", „unangreifbare Festung") speziell im Aramäischen belegt; es kommt schon vor in den altaramäischen Inschriften von *sefīre* (vgl. *A. Dupont-Sommer*, Les inscriptions araméennes de Sfiré [1958], S. 62 [I B 32]), sowie im jüdischen Aramäisch, fehlt hingegen, soviel ich sehe, anderwärts, scheint also wieder ein ausgesprochener Aramaismus zu sein.

ḳatālum = „töten" (II 37,6.12). Vgl. o., S. 21.29. Im Hebräischen als Aramaismus nur Ps. 139,19; Hi. 13,15; 24,14, dazu das abgeleitete Nomen קֶטֶל Ob. 9. Sonst ist das Wort speziell aramäisch, schon in den altaramäischen Inschriften von *sefīre* mehrfach belegt (vgl. *A. Dupont-Sommer*, a. a. O., S. 149), und zwar hier noch ebenso wie in den Mari-Texten in der offenbar ursprünglichen Form קתל, während sonst (im hebräischen und aramäischen Alten Testament und anderwärts) die durch partielle Assimilation entstandene Form קטל vorwiegt. Vgl. *W. Baumgartner*, Festschrift Otto Eissfeldt (1947), S. 54f.

šattaḳdim (I 36,32; 41,21; II 28,4; 61,16) = „voriges Jahr". Es liegt nahe, in dieser merkwürdigen Wortbildung eine Zusammensetzung aus dem aramäischen שתא = „das Jahr“ und קדם = „vorher“ zu vermuten. Man muß dann freilich annehmen, daß nicht ein Wort *šaddagdūm* (so z. B. *Bottéro-Finet*, a. a. O., S. 258 u. a.) anzusetzen ist, sondern daß zu lesen ist *ša-at-tá-ak-di-im* (das Zeichen *DA* kann im Altbabylonischen auch, wenngleich ungewöhnlicherweise, *tá* sein; vgl. *W. v. Soden*, Das akkadische Syllabar [1948], S. 62f.) und daß wir es am Schluß nicht mit der Nominalendung *-um* bzw. *-ūm* zu tun haben, sondern daß das Ganze ein indeklinabler adverbieller Ausdruck ist (es heißt immer *šattakdim*, nicht nur nach *ištu*, sondern auch ohne Präposition in adverbieller Stellung; so sicher I 41,21; II 61,16). Man muß weiter annehmen, daß das Wort *šant*>*šatt* die in der Mari-Sprache auch sonst vorkommende Endung *-a* (s. u.) hat, die ein Vorläufer des späteren aramäischen status emphaticus zu sein scheint. In *k(a)dim* hätten wir wohl eine *fa'īl*-Form, wie sie im Aramäischen häufig vorkommt. Man muß endlich annehmen, daß dieser Ausdruck als Lehnwort in das Akkadische, wenigstens in das Assyrische, übernommen worden ist und daß er hier sekundär als ein Nomen mit nominaler Endung aufgefaßt wurde, so daß er statt dieser vermeintlichen Endung auch mit dem Adverbialsuffix *-iš* versehen werden konnte: *šaddaggiš*, *šaddaktiš* u. ä. (vgl. *E. Behrens*, Zeitschrift für Assyriologie 17 [1903], S. 391f., Nr. 6).

šapāṭum, *šāpiṭu*, *šapiṭūtu*, *šipṭu* (die Stellen bei *Bottéro-Finet*, a. a. O., S. 265) = „richten“, „Richter“, „Richterspruch“. Vgl. o., S. 17. Der Stamm שפט, im Alten Testament, ferner im Ugaritischen *(ṯpṭ)* und Phönikischen reichlich belegt, kommt auch in den aramäischen Dialekten, vom biblischen Aramäisch angefangen, vor, ist hier aber anscheinend ein kanaanäisches Lehnwort; vgl. *W. Baumgartner*, a. a. O., S. 54.

šikarum (II 124,6) = „Lüge“. Dieses nur einmal belegte Wort wird von *Ch.-F. Jean*, Archives Royales de Mari II (1950), S. 239, mit hebräischem שקר zusammengestellt. Der Stamm שקר ist außer im Hebräischen noch im Aramäischen bekannt (altaramäisch in den Inschriften von *sefīre*, vgl. *A. Dupont-Sommer*, a. a. O., S. 151, und jüdisch-aramäisch und syrisch).

šuḫrum (III 31,8), eine Getreideart, nach *J.-R. Kupper*, Archives Royales de Mari III (1950), S. 116, vielleicht mit dem hebräischen שערה zusammenzubringen. Dieses hebräische Wort, gewiß auf eine Grundform *šu'r* zurückzuführen, hat Parallelen im Ugaritischen *(š'r)* und weiter im alten und jüdischen Aramäisch und im Syrischen, auch im Südarabischen und Arabischen.

turmum (Gründungsurkunde des *Jahdun-Lim* III 17.21; vgl. *G. Dossin*,

Syria 32 [1955], S. 1–28) = „Untreue“, „Verrat“, wird von *G. Dossin*, L’Ancien Testament et l’Orient (Orientalia et Biblica Lovaniensia I [1957]), S. 163–167, mit dem תָּרְמָה von Ri. 9,31 verglichen. Der Stamm רמה „betrügen“ ist im Hebräischen wohlbekannt, hat aber sonst nur unsichere semitische Verwandte.

Zu der an Mari-Worten mehrfach auftretenden, auffälligen Endung *-a*, die an den aramäischen status emphaticus erinnert, vgl. *G. Dossin*, Archives Royales de Mari V (1952), S. 123; *M. Birot*, Revue d’Assyriologie et d’Archéologie Orientale 47 (1953), S. 163f.; *M. Noth*, Mari und Israel (vgl. Anm. 7), S. 135f., 152.

Summary

It is well known that the oldest Israelite proper names are to some extent related with a group of "Western Semitic" proper names, which first occur in the cuneiform inscriptions of Mesopotamia, dating from about 2,000 B.C. Other inscriptions were discovered since 1933, when excavations were begun at Mari, on the central Euphrates: a quantity of "Western Semitic" proper names were brought to light, and numerous links with ancient Israel were revealed. These links are found in the fields of language, sociological conditions, legal traditions and sacred customs. The question arises how this people, with its historical and ethnological links with ancient Israel, can properly be classified as belonging to the family of Semitic peoples. The previously suggested names "Western Semite", "East Canaan" and "Amorite" are partly inexact and partly misleading, and therefore clearly inadequate. The traces of the hereditary tongue of the inhabitants of Mari which are preserved as loan-words in the old Babylonian language of the Mari inscriptions show a relationship with Aramaic dialects know to us from later times. From this it may be taken that the people of Mari were predecessors of the later Aramaic people, and may properly be classified as "Proto-Aramaic." The linksbetween ancient Israel and the inhabitants of Mari show that the origins of ancient Israel my be soughti n a Proto-Aramaic milieu. This fits in with Old Testament tradition, which strongly emphasises the Aramaic affinity of the "patriarchs". It should be pointed out that "Proto-Aramaic" peoples existed not only in Mari but also contemporaneously in other regions of Mesopotamia and in Syria-Palestine. We may deduce from this that Proto-Aramaic immigration was widespread and of long duration. It is thus impossible accurately to ascertain the origins of ancient Israel, as to time and place, from the available ancient Oriental evidence. The particulars of these origins must be sought in the Old Testament tradition itself.

Résumé

On sait depuis longtemps qu'une partie des plus anciens noms israélites de personnes sont apparentés à un groupe de noms «sémitiques occidentaux» de personnes apparus au début du IIème siècle av. J.-C. dans des textes de Mésopotamie en écriture cunéiforme. Les textes en cunéiforme qui ont été trouvés depuis 1933 au cours des fouilles de Mari, ville du moyen Euphrate, ont fourni non seulement une quantité d'autres noms sémitiques occidentaux de personnes, mais aussi la preuve de nombreuses relations avec l'époque la plus reculée d'Israel. Ces relations se retrouvent dans les domaines du langage, des conditions sociales, des traditions juridiques, des rites sacrés. Il reste à savoir comment les habitants de Mari, avec lesquels les Israélites anciens ont eu des relations historiques et de parenté, sont à classer objectivement parmi les peuples sémitiques. Les désignations proposées jusqu'ici de «Sémites occidentaux», «Amorites», «Chananéens orientaux» se sont montrées insuffisantes, soit parce qu'elles manquent de précision, soit parce qu'elles induisent en erreur. Les traces de la langue héréditaire des habitants de Mari, traces qui apparaissent sous forme de mots empruntés dans le babylonien ancien des textes de Mari, présentent une parenté avec les dialectes araméens des temps plus récents. Il semble donc que les habitants de Mari aient été des précurseurs des Araméens d'époque moins récente et qu'ils puissent à bon escient être désignés comme «Proto-Araméens». La parenté des Israélites anciens et des habitants de Mari montre qu'il faut chercher les origines de ceux-là dans un milieu «proto-araméen». Cette idée est en accord avec la tradition de l'Ancien Testament qui insiste sur la parenté araméenne des «patriarches». Toutefois, les «Proto-Araméens» ne vécurent pas seulement à Mari, mais aussi et aux mêmes époques en d'autres endroits de la Mésopotamie ainsi qu'en Syrie et Palestine. Aussi faut-il sans doute tenir compte d'une vaste expansion et d'une longue durée de l'immigration «proto-araméenne». Il est impossible de découvrir avec précision l'époque et le lieu des premières origines des Israélites en se référant aux sources de l'Antiquité orientale. Les détails de ces origines ne peuvent être retrouvés que dans la tradition même de l'Ancien Testament.

VERÖFFENTLICHUNGEN DER ARBEITSGEMEINSCHAFT FÜR FORSCHUNG DES LANDES NORDRHEIN-WESTFALEN

NATURWISSENSCHAFTEN

Friedrich Seewald, Aachen	Neue Entwicklungen auf dem Gebiet der Antriebsmaschinen
Friedrich A. F. Schmidt, Aachen	Technischer Stand und Zukunftsaussichten der Verbrennungsmaschinen, insbesondere der Gasturbinen
Rudolf Friedrich, Mülheim (Ruhr)	Möglichkeiten und Voraussetzungen der industriellen Verwertung der Gasturbine
Wolfgang Riezler, Bonn	Probleme der Kernphysik
Fritz Micheel, Münster	Isotope als Forschungsmittel in der Chemie und Biochemie
Emil Lehnartz, Münster	Der Chemismus der Muskelmaschine
Gunther Lehmann, Dortmund	Physiologische Forschung als Voraussetzung der Bestgestaltung der menschlichen Arbeit
Heinrich Kraut, Dortmund	Ernährung und Leistungsfähigkeit
Franz Wever, Düsseldorf	Aufgaben der Eisenforschung
Hermann Schenck, Aachen	Entwicklungslinien des deutschen Eisenhüttenwesens
Max Haas, Aachen	Die wirtschaftliche und technische Bedeutung der Leichtmetalle und ihre Entwicklungsmöglichkeiten
Walter Kikuth, Düsseldorf	Virusforschung
Rolf Danneel, Bonn	Fortschritte der Krebsforschung
Werner Schulemann, Bonn	Wirtschaftliche und organisatorische Gesichtspunkte für die Verbesserung unserer Hochschulforschung
Walter Weizel, Bonn	Die gegenwärtige Situation der Grundlagenforschung in der Physik
Siegfried Strugger, Münster	Das Duplikantenproblem in der Biologie
Fritz Gummert, Essen	Überlegungen zu den Faktoren Raum und Zeit im biologischen Geschehen und Möglichkeiten einer Nutzanwendung
August Götte, Aachen	Steinkohle als Rohstoff und Energiequelle
Karl Ziegler, Mülheim (Ruhr)	Über Arbeiten des Max-Planck-Institutes für Kohlenforschung
Wilhelm Fucks, Aachen	Die Naturwissenschaft, die Technik und der Mensch
Walther Hoffmann, Münster	Wirtschaftliche und soziologische Probleme des technischen Fortschritts
Franz Bollenrath, Aachen	Zur Entwicklung warmfester Werkstoffe
Heinrich Kaiser, Dortmund	Stand spektralanalytischer Prüfverfahren und Folgerung für deutsche Verhältnisse
Hans Braun, Bonn	Möglichkeiten und Grenzen der Resistenzzüchtung
Carl Heinrich Dencker, Bonn	Der Weg der Landwirtschaft von der Energieautarkie zur Fremdenergie
Herwart Opitz, Aachen	Entwicklungslinien der Fertigungstechnik in der Metallbearbeitung
Karl Krekeler, Aachen	Stand und Aussichten der schweißtechnischen Fertigungsverfahren
Hermann Rathert, Wuppertal-Elberfeld	Entwicklung auf dem Gebiet der Chemiefaser-Herstellung
Wilhelm Weltzien, Krefeld	Rohstoff und Veredelung in der Textilwirtschaft
Karl Herz, Frankfurt a. M.	Die technischen Entwicklungstendenzen im elektrischen Nachrichtenwesen
Leo Brandt, Düsseldorf	Navigation und Luftsicherung
Burckhardt Helferich, Bonn	Stand der Enzymchemie und ihre Bedeutung
Hugo Wilhelm Knipping, Köln	Ausschnitt aus der klinischen Carcinomforschung am Beispiel des Lungenkrebses
Abraham Esau †, Aachen	Ortung mit elektrischen und Ultraschallwellen in Technik und Natur
Eugen Flegler, Aachen	Die ferromagnetischen Werkstoffe der Elektrotechnik und ihre neueste Entwicklung
Rudolf Seyffert, Köln	Die Problematik der Distribution
Theodor Beste, Köln	Der Leistungslohn
Friedrich Seewald, Aachen	Die Flugtechnik und ihre Bedeutung für den allgemeinen technischen Fortschritt

Edouard Houdremont †, Essen	Art und Organisation der Forschung in einem Industriekonzern
Werner Schulemann, Bonn	Theorie und Praxis pharmakologischer Forschung
Wilhelm Groth, Bonn	Technische Verfahren zur Isotopentrennung
Kurt Traenckner †, Essen	Entwicklungstendenzen der Gaserzeugung
M. Zvegintzov, London	Wissenschaftliche Forschung und die Auswertung ihrer Ergebnisse Ziel und Tätigkeit der National Research Development Corporation
Alexander King, London	Wissenschaft und internationale Beziehungen
Robert Schwarz, Aachen	Wesen und Bedeutung der Siliciumchemie
Kurt Alder †, Köln	Fortschritte in der Synthese der Kohlenstoffverbindungen
Otto Hahn, Göttingen	Die Bedeutung der Grundlagenforschung für die Wirtschaft
Siegfried Strugger, Münster	Die Erforschung des Wasser- und Nährsalztransportes im Pflanzenkörper mit Hilfe der fluoreszenzmikroskopischen Kinematographie
Johannes von Allesch, Göttingen	Die Bedeutung der Psychologie im öffentlichen Leben
Otto Graf, Dortmund	Triebfedern menschlicher Leistung
Bruno Kuske, Köln	Zur Problematik der wirtschaftswissenschaftlichen Raumforschung
Stephan Prager, Düsseldorf	Städtebau und Landesplanung
Rolf Danneel, Bonn	Über die Wirkungsweise der Erbfaktoren
Kurt Herzog, Krefeld	Der Bewegungsbedarf der menschlichen Gliedmaßengelenke bei der Arbeit
Otto Haxel, Heidelberg	Energiegewinnung aus Kernprozessen
Max Wolf, Düsseldorf	Gegenwartsprobleme der energiewirtschaftlichen Forschung
Friedrich Becker, Bonn	Ultrakurzwellenstrahlung aus dem Weltraum
Hans Straßl, Bonn	Bemerkenswerte Doppelsterne und das Problem der Sternentwicklung
Heinrich Behnke, Münster	Der Strukturwandel der Mathematik in der ersten Hälfte des 20. Jahrhunderts
Emanuel Sperner, Hamburg	Eine mathematische Analyse der Luftdruckverteilungen in großen Gebieten
Oskar Niemczyk, Aachen	Die Problematik gebirgsmechanischer Vorgänge im Steinkohlenbergbau
Wilhelm Ahrens, Krefeld	Die Bedeutung geologischer Forschung für die Wirtschaft, besonders in Nordrhein-Westfalen
Bernhard Rensch, Münster	Das Problem der Residuen bei Lernvorgängen
Hermann Fink, Köln	Über Leberschäden bei der Bestimmung des biologischen Wertes verschiedener Eiweiße von Mikroorganismen
Friedrich Seewald, Aachen	Forschungen auf dem Gebiete der Aerodynamik
Karl Leist, Aachen	Einige Forschungsarbeiten aus der Gasturbinentechnik
Fritz Mietzsch †, Wuppertal	Chemie und wirtschaftliche Bedeutung der Sulfonamide
Gerhard Domagk, Wuppertal	Die experimentellen Grundlagen der bakteriellen Infektionen
Hans Braun, Bonn	Die Verschleppung von Pflanzenkrankheiten und Schädlingen über die Welt
Wilhelm Rudorf, Voldagsen	Der Beitrag von Genetik und Züchtung zur Bekämpfung von Viruskrankheiten der Nutzpflanzen
Volker Aschoff, Aachen	Probleme der elektroakustischen Einkanalübertragung
Herbert Döring, Aachen	Die Erzeugung und Verstärkung von Mikrowellen
Rudolf Schenck, Aachen	Bedingungen und Gang der Kohlenhydratsynthese im Licht
Emil Lehnartz, Münster	Die Endstufen des Stoffabbaues im Organismus
Wilhelm Fucks, Aachen	Mathematische Analyse von Sprachelementen, Sprachstil und Sprachen
Hermann Schenck, Aachen	Gegenwartsprobleme der Eisenindustrie in Deutschland
Eugen Piwowarsky †, Aachen	Gelöste und ungelöste Probleme im Gießereiwesen
Wolfgang Riezler, Bonn	Teilchenbeschleuniger
Gerhard Schubert, Hamburg	Anwendung neuer Strahlenquellen in der Krebstherapie
Franz Lotze, Münster	Probleme der Gebirgsbildung
Colin Cherry, London	Kybernetik. Die Beziehung zwischen Mensch und Maschine
Erich Pietsch, Clausthal-Zellerfeld	Dokumentation und mechanisches Gedächtnis — zur Frage der Ökonomie der geistigen Arbeit
Heinz Haase, Hamburg	Infrarot und seine technischen Anwendungen
Abraham Esau †, Aachen	Der Ultraschall und seine technischen Anwendungen
Fritz Lange, Bochum-Hordel	Die wirtschaftliche und soziale Bedeutung der Silikose im Bergbau
Walter Kikuth und Werner Schliepköter, Düsseldorf	Die Entstehung der Silikose und ihre Verhütungsmaßnahmen
Eberhard Gross, Bonn	Berufskrebs und Krebsforschung
Hugo Wilhelm Knipping, Köln	Die Situation der Krebsforschung vom Standpunkt der Klinik

Gustav-Victor Lachmann, London	An einer neuen Entwicklungsschwelle im Flugzeugbau
A. Gerber, Zürich-Oerlikon	Stand der Entwicklung der Raketen- und Lenktechnik
Theodor Kraus, Köln	Über Lokalisationsphänomene und Ordnungen im Raume
Fritz Gummert, Essen	Vom Ernährungsversuchsfeld der Kohlenstoffbiologischen Forschungsstation Essen
Gerhard Domagk, Wuppertal	Fortschritte auf dem Gebiet der experimentellen Krebsforschung
Giovanni Lampariello, Rom	Das Leben und das Werk von Heinrich Hertz
Walter Weizel, Bonn	Das Problem der Kausalität in der Physik
José Ma Albareda, Madrid	Die Entwicklung der Forschung in Spanien
Burckhardt Helferich, Bonn	Über Glykoside
Fritz Micheel, Münster	Kohlenhydrat-Eiweißverbindungen und ihre biochemische Bedeutung
John von Neumann †, Princeton, USA	Entwicklung und Ausnutzung neuerer mathematischer Maschinen
Eduard Stiefel, Zürich	Rechenautomaten im Dienste der Technik
Wilhelm Weltzien, Krefeld	Ausblick auf die Entwicklung synthetischer Fasern
Walther Hoffmann, Münster	Wachstumsprobleme der Wirtschaft
Leo Brandt, Düsseldorf	Die praktische Förderung der Forschung in Nordrhein-Westfalen
Ludwig Raiser, Bad Godesberg	Die Förderung der angewandten Forschung durch die Deutsche Forschungsgemeinschaft
Hermann Tromp, Rom	Die Bestandsaufnahme der Wälder der Welt als internationale und wissenschaftliche Aufgabe
Franz Heske, Schloß Reinbek	Die Wohlfahrtswirkungen des Waldes als internationales Problem
Günther Böhnecke, Hamburg	Zeitfragen der Ozeanographie
Heinz Gabler, Hamburg	Nautische Technik und Schiffssicherheit
Fritz A. F. Schmidt, Aachen	Probleme der Selbstzündung und Verbrennung bei der Entwicklung der Hochleistungskraftmaschinen
August-Wilhelm Quick, Aachen	Ein Verfahren zur Untersuchung des Austauschvorganges in verwirbelten Strömungen hinter Körpern mit abgelöster Strömung
Johannes Pätzold, Erlangen	Therapeutische Anwendung mechanischer und elektrischer Energie
F. A. W. Patmore, London	Der Air Registration Board und seine Aufgaben im Dienst der britischen Flugzeugindustrie
A. D. Young, London	Gestaltung der Lehrtätigkeit in der Luftfahrttechnik in Großbritannien
D. C. Martin, London	Geschichte und Organisation der Royal Society
A. J. A. Roux, Südafrika	Probleme der wissenschaftlichen Forschung in der Südafrikanischen Union
Georg Schnadel, Hamburg	Forschungsaufgaben zur Untersuchung der Festigkeitsprobleme im Schiffsbau
Wilhelm Sturtzel, Duisburg	Forschungsaufgaben zur Untersuchung der Widerstandsprobleme im See- und Binnenschiffbau
Giovanni Lampariello, Rom	Von Galilei zu Einstein
Walter Dieminger, Lindau/Harz	Ionosphäre und drahtloser Weitverkehr
Sir John Cockcroft, London	Die friedliche Anwendung der Atomenergie
Fritz Schultz-Grunow, Aachen	Das Kriechen und Fließen hochzäher und plastischer Stoffe
Hans Ebner, Aachen	Wege und Ziele der Festigkeitsforschung, besonders im Hinblick auf den Leichtbau
Ernst Derra, Düsseldorf	Der Entwicklungsstand der Herzchirurgie
Gunther Lehmann, Dortmund	Muskelarbeit und Muskelermüdung in Theorie und Praxis
Theodor von Kármán, Pasadena	Freiheit und Organisation in der Luftfahrtforschung
Leo Brandt, Düsseldorf	Bericht über den Wiederbeginn deutscher Luftfahrtforschung
Fritz Schröter, Ulm	Neue Forschungs- und Entwicklungsrichtungen im Fernsehen
Albert Narath, Berlin	Der gegenwärtige Stand der Filmtechnik
Richard Courant, New York	Die Bedeutung der modernen mathematischen Rechenmaschinen für mathematische Probleme der Hydrodynamik und Reaktortechnik
Ernst Peschl, Bonn	Die Rolle der komplexen Zahlen in der Mathematik und die Bedeutung der komplexen Analysis
Wolfgang Flaig, Braunschweig	Zur Grundlagenforschung auf dem Gebiet des Humus und der Bodenfruchtbarkeit
Eduard Mückenhausen, Bonn	Typologische Bodenentwicklung und Bodenfruchtbarkeit
Walter Georgii, München	Aerophysikalische Flugforschung

Klaus Oswatitsch, Aachen	Gelöste und ungelöste Probleme der Gasdynamik
A. Butenandt, Tübingen	Über die Analyse der Erbfaktorenwirkung und ihre Bedeutung für biochemische Fragestellungen
J. Straub, Köln	Quantitative Genwirkung bei Polyploiden
Oskar Morgenstern, Princeton, USA	Der theoretische Unterbau der Wirtschaftspolitik
Bernhard Rensch, Münster	Die stammesgeschichtliche Sonderstellung des Menschen
Wilhelm Tönnis, Köln	Die neuzeitliche Behandlung frischer Schädelhirnverletzungen
Siegfried Strugger, Münster	Die elektronenmikroskopische Darstellung der Feinstruktur des Protoplasmas mit Hilfe der Uranylmethode und die zukünftige Bedeutung für die Erforschung der Strahlenwirkung
Wilhelm Fucks, Aachen	Bildliche Darstellung der Verteilung und der Bewegung von radioaktiven Substanzen im Raum, insbesondere von biologischen Objekten (Physikalischer Teil)
Hugo Wilhelm Knipping und Erich Liese, Köln	Bildgebung von Radioisotopenelementen im Raum bei bewegten Objekten (Herz, Lungen etc.) (Medizinischer Teil)
Friedrich Paneth †, Mainz	Die Bedeutung der Isotopenforschung für geochemische und kosmochemische Probleme
J. Hans D. Jensen und H. A. Weidenmüller, Heidelberg	Die Nichterhaltung der Parität
Francis Perrin, Paris	Die Verwendung der Atomenergie für industrielle Zwecke
Hans Lorenz, Berlin	Forschungsergebnisse auf dem Gebiete der Bodenmechanik als Wegbereiter für Gründungsverfahren
Georg Garbotz, Aachen	Die Bedeutung der Baumaschinen- und Baubetriebsforschung für die Praxis
Maurice Roy, Chatillon	Luftfahrtforschung in Frankreich und ihre Perspektiven im Rahmen Europas
Alexander Naumann, Aachen	Methoden und Ergebnisse der Windkanalforschung
Sir Harry Melville, K.C.B., F.R.S., London	Die Anwendung von radioaktiven Isotopen und hoher Energiestrahlung in der polymeren Chemie
Eduard Justi, Braunschweig	Elektrothermische Kühlung und Heizung. Grundlagen und Möglichkeiten
Richard Vieweg, Braunschweig	Maß und Messen in Geschichte und Gegenwart
Fritz Baade, Kiel	Gesamtdeutschland und die Integration Europas
Günther Schmölders, Köln	Ökonomische Verhaltensforschung
Rudolf Wille, Berlin	Modellvorstellungen zur Behandlung des Übergangs laminar — turbulent, hergeleitet aus Versuchen an Freistrahlen und Flachwasserströmungen
Josef Meixner, Aachen	Neuere Entwicklung der Thermodynamik
A. Gustafsson, Diter von Wettstein und Lars Ehrenberg, Stockholm	Mutationsforschung und Züchtung
Josef Straub, Köln	Mutationsauslösung durch ionisierende Strahlung
Martin Kersten, Aachen	Neuere Versuche zur physikalischen Deutung technischer Magnetisierungsvorgänge
Günther Leibfried, Aachen	Zur Theorie idealer Kristalle
W. Klemm, Münster	Neue Wertigkeitsstufen bei den Übergangselementen
H. Zahn, Aachen	Die Wollforschung in Chemie und Physik von heute
Henri Cartan, Paris	Nicolas Bourbaki und die heutige Mathematik
Harald Cramér, Stockholm	Aus der neueren mathematischen Wahrscheinlichkeitslehre
Georg Melchers, Tübingen	Die Bedeutung der Virusforschung für die moderne Genetik
Alfred Kühn, Tübingen	Über die Wirkungsweise von Erbfaktoren
Fréderic Ludwig, Paris	Experimentelle Studien über die Distanzeffekte in bestrahlten vielzelligen Organismen
A. H. W. Aten jr., Amsterdam	Die Anwendung radioaktiver Isotope in der chemischen Forschung
Hans Herloff Inhoffen, Braunschweig	Chemische Übergänge von Gallensäuren in cancerogene Stoffe und ihre möglichen Beziehungen zum Krebsproblem
Rolf Danneel, Bonn	Entstehung, Funktion und Feinbau der Mitochondrien
Max Born, Bad Pyrmont	Der Realitätsbegriff in der Physik
Joachim Wüstenberg	Der gegenwärtige ärztliche Standpunkt zum Problem der Beeinflussung der Gesundheit durch Luftverunreinigungen
Paul Schmidt, München	Periodisch wiederholte Zündungen durch Stoßwellen

Walter Kikuth, Düsseldorf	Die Infektionskrankheiten im Spiegel historischer und neuzeitlicher Betrachtungen
R. Jung, Aachen	Die geodätische Erschließung Kanadas mit Hilfe der elektronischen Entfernungsmessung
H. E. Schwiete, Aachen	Ein zweites Steinzeitalter? — Gesteinshüttenkunde früher und heute
Horst Rothe, Karlsruhe	Der Molekular-Verstärker und seine Anwendung
Roland Lindner, Göteborg	Atomkernforschung und Chemie, aktuelle Probleme
Paul Denzel, Aachen	Technische Probleme der Energieumwandlung und -fortleitung
J. Capelle	Der Stand der Ingenieurausbildung in Frankreich
Friedrich Panse, Düsseldorf	Klinische Psychologie, ein psychiatrisches Bedürfnis
Heinrich Kraut, Dortmund	Die Deckung des Bedarfs an Vitaminen und Mineralstoffen in der Bundesrepublik
Max Haas, Aachen	Neuzeitliche Erkenntnisse aus der Geschichte der Leichtmetalle
Wilhelm Bischof, Dortmund	Materialprüfung — Praxis und Wissenschaft
Edgar Rössger, Berlin	Zur Analyse der auf angebotene tkm umgerechneten Verkehrsaufwendungen und Verkehrserträge im Luftverkehr
Günther Ulbricht, Oberpfaffenhofen	Die Funknavigationsverfahren und ihre physikalischen Grenzen
Franz Wever, Düsseldorf	Das Schwert in Mythos und Handwerk
Ernst Hermann Schulz, Dortmund	Über die Ergebnisse neuerer metallkundlicher Untersuchungen alter Eisenfunde und ihre Bedeutung für die Technik und die Archäologie
Hermann Schenck, Aachen	Wertung und Nutzung der wissenschaftlichen Arbeit am Beispiel des Eisenhüttenwesens
Oskar Löbl, Essen	Streitfragen bei der Kostenberechnung des Atomstroms
Frederic de Hoffmann, Zürich	Ein neuer Weg zur Kostensenkung des Atomstroms
Rudolf Schulten, Mannheim	Die Entwicklung des Hochtemperaturreaktors

VERÖFFENTLICHUNGEN DER ARBEITSGEMEINSCHAFT FÜR FORSCHUNG DES LANDES NORDRHEIN-WESTFALEN

GEISTESWISSENSCHAFTEN

Werner Richter, Bonn	Von der Bedeutung der Geisteswissenschaften für die Bildung unserer Zeit
Joachim Ritter, Münster	Die Lehre vom Ursprung und Sinn der Theorie bei Aristoteles
Josef Kroll, Köln	Elysium
Günther Jachmann, Köln	Die vierte Ekloge Vergils
Hans Erich Stier Münster	Die klassische Demokratie
Werner Caskel, Köln	Lihyan und Lihyanisch. Sprache und Kultur eines früharabischen Königreiches
Thomas Ohm, Münster	Stammesreligionen im südlichen Tanganyika-Territorium
Georg Schreiber, Münster	Deutsche Wissenschaftspolitik von Bismarck bis zum Atomwissenschaftler Otto Hahn
Walter Holtzmann, Bonn	Das mittelalterliche Imperium und die werdenden Nationen
Werner Caskel, Köln	Die Bedeutung der Beduinen in der Geschichte der Araber
Georg Schreiber, Münster	Irland im deutschen und abendländischen Sakralraum
Peter Rassow, Köln	Forschungen zur Reichs-Idee im 16. und 17. Jahrhundert
Hans Erich Stier, Münster	Roms Aufstieg zur Weltmacht und die griechische Welt
Karl Heinrich Rengstorf, Münster	Mann und Frau im Urchristentum
Hermann Conrad, Bonn	Grundprobleme einer Reform des Familienrechtes
Max Braubach, Bonn	Der Weg zum 20. Juli 1944 — Ein Forschungsbericht
Paul Hübinger, Münster	Das deutsch-französische Verhältnis und seine mittelalterlichen Grundlagen
Franz Steinbach, Bonn	Der geschichtliche Weg des wirtschaftenden Menschen in die soziale Freiheit und politische Verantwortung
Josef Koch, Köln	Die Ars coniecturalis des Nikolaus von Kues
James B. Conant, USA	Staatsbürger und Wissenschaftler
Karl Heinrich Rengstorf, Münster	Antike und Christentum
Richard Alewyn, Köln	Klopstocks Publikum
Fritz Schalk, Köln	Das Lächerliche in der französischen Literatur des Ancien Régime
Ludwig Raiser, Bad Godesberg	Rechtsfragen der Mitbestimmung
Martin Noth, Bonn	Das Geschichtsverständnis der alttestamentlichen Apokalyptik
Walter F. Schirmer, Bonn	Glück und Ende der Könige in Shakespeares Historien
Theodor Klauser, Bonn	Die römische Petrustradition im Lichte der neuen Ausgrabungen unter der Peterskirche
Hans Peters, Köln	Die Gewaltentrennung in moderner Sicht
Fritz Schalk, Köln	Calderon und die Mythologie
Josef Kroll, Köln	Vom Leben geflügelter Worte
Thomas Ohm, Münster	Die Religionen in Asien
Johann Leo Weisgerber, Bonn	Die Ordnung der Sprache im persönlichen und öffentlichen Leben
Werner Caskel, Köln	Entdeckungen in Arabien
Max Braubach, Bonn	Landesgeschichtliche Bestrebungen und historische Vereine im Rheinland
Fritz Schalk, Köln	Somnium und verwandte Wörter in den romanischen Sprachen
Friedrich Dessauer, Frankfurt a. M.	Reflexionen über Erbe und Zukunft des Abendlandes
Thomas Ohm, Münster	Ruhe und Frömmigkeit
Hermann Conrad, Bonn	Die mittelalterliche Besiedlung des deutschen Ostens und das Deutsche Recht
Hans Sckommodau, Köln	Die religiösen Dichtungen Margaretes von Navarra
Herbert von Einem, Bonn	Der Mainzer Kopf mit der Binde
Joseph Höffner, Münster	Statik und Dynamik in der scholastischen Wirtschaftsethik
Fritz Schalk, Köln	Diderots Essai über Claudius und Nero
Gerhard Kegel Köln	Probleme des internationalen Enteignungs- und Währungsrechts
Johann Leo Weisgerber Bonn	Die Grenzen der Schrift — Der Kern der Rechtschreibereform
Richard Alewyn Köln	Von der Empfindsamkeit der Romantik

Theodor Schieder Köln	Die Probleme des Rapallo-Vertrages. Eine Studie über die deutsch-russischen Beziehungen 1922—1926
Andreas Rumpf, Köln	Stilphasen der spätantiken Kunst
Ulrich Luck, Münster	Kerygma und Tradition in der Hermeneutik Adolf Schlatters
Walther Holtzmann, Rom	Das Deutsche historische Institut in Rom
Graf Wolff Metternich Rom	Die Bibliotheca Hertziana und der Palazzo Zuccari zu Rom
Harry Westermann, Münster	Person und Persönlichkeit als Wert im Zivilrecht
Johann Leo Weisgerber, Bonn	Die Namen der Ubier
Friedrich Karl Schumann, Münster	Mythos und Technik
Karl Heinrich Rengstorf, Münster	Die Anfänge des Diakonats
Georg Schreiber, Münster	Der Bergbau in Geschichte, Ethos und Sakralkultur
Hans J. Wolff, Münster	Die Rechtsgestalt der Universität
Heinrich Vogt, Bonn	Schadenersatzprobleme im Verhältnis von Haftungsgrund und Schaden
Max Braubach, Bonn	Der Einmarsch deutscher Truppen in die entmilitarisierte Zone am Rhein im März 1936. Ein Beitrag zur Vorgeschichte des zweiten Weltkrieges
Herbert von Einem, Bonn	Die „Menschwerdung Christi“ des Isenheimer Altares
Ernst Joseph Cohn, London	Der englische Gerichtstag
Albert Woopen, Aachen	Die Zivilehe und der Grundsatz der Unauflöslichkeit der Ehe in der Entwicklung des italienischen Zivilrechts
Karl Kerényi, Ascona	Die Herkunft der Dionysosreligion nach dem heutigen Stand der Forschung
Herbert Jankuhn, Kiel	Die Ausgrabungen in Haithabu und ihre Bedeutung für die Handelsgeschichte des frühen Mittelalters
Stephan Skalweit, Bonn	Edmund Burke und Frankreich
Ulrich Scheuner, Bonn	Die Neutralität im heutigen Völkerrecht
Anton Moortgat, Berlin	Archäologische Forschungen der Max-Freiherr-von-Oppenheim-Stiftung im nördlichen Mesopotamien 1955
Joachim Ritter, Münster	Hegel und die französische Revolution
Hermann Conrad und Carl Arnold Willemsen, Bonn	Die Konstitutionen von Melfi Friedrichs II. von Hohenstaufen (1231)
Georg Schreiber, Münster	Der Islam und das christliche Abendland
Werner Conze, Münster	Die Strukturgeschichte des technisch-industriellen Zeitalters als Aufgabe für Forschung und Unterricht
Gerhard Hess, Heidelberg	Zur Entstehung der „Maximen“ La Rochefoucaulds
Fritz Schalk, Köln	Poetica de Aristoteles traducia de latin. Illustrada y commentado por Juan Pablo Martiz Rizo (Erste kritische Ausgabe des spanischen Textes)
Ernst Langlotz, Bonn	Perseus, Dokumentation der Wiedergewinnung eines Meisterwerkes der griechischen Plastik
Geo Widengren, Uppsala	Iranisch-semitische Kulturbegegnung in parthischer Zeit
Josef M. Wintrich, Karlsruhe	Zur Problematik der Grundrechte
Josef Pieper, Essen	Über den Begriff der Tradition
Walter F. Schirmer, Bonn	Die frühen Darstellungen des Arthurstoffes
William Lloyd Prosser, Berkeley	Kausalzusammenhang und Fahrlässigkeit
Johann Leo Weisgerber, Bonn	Verschiebung in der sprachlichen Einschätzung von Menschen und Sachen
Walter H. Bruford, Cambridge	Fürstin Gallitzin und Goethe. Das Selbstvervollkommnungsideal und seine Grenze
Hermann Conrad, Bonn	Die geistigen Grundlagen des Allgemeinen Landrechts für die preußischen Staaten von 1794
Herbert von Einem, Bonn	Asmus Jacob Carstens, Die Nacht mit ihren Kindern
Paul Gieseke, Bad Godesberg	Eigentum und Grundwasser
Werner Richter, Bonn	Wissenschaft und Geist in der Weimarer Republik
Johann Leo Weisgerber, Bonn	Sprachenrecht und europäische Einheit
Otto Kirchheimer, New York	Gegenwartsprobleme der Asylgewährung
Alexander Knur, Bad Godesberg	Probleme der Zugewinngemeinschaft
Helmut Coing, Frankfurt a. M.	Die juristischen Auslegungsmethoden und die Lehren der allgemeinen Hermeneutik
André George, Paris	Der Humanismus und die Krise der Welt von heute
Harald von Petrikovits, Bonn	Das römische Rheinland. Archäologische Forschungen seit 1945

Franz Steinbach, Bonn	Ursprung und Wesen der Landgemeinde nach rheinischen Quellen
Josef Trier, Münster	Versuch über Flußnamen
C.R. van Paassen, Amsterdam	Platon in den Augen der Zeitgenossen
Pietro Quaroni	Die kulturelle Sendung Italiens
Theodor Klauser	Christlicher Märtyrerkult, heidnischer Heroenkult und spätjüdische Heiligenverehrung
Herbert v. Einem, Bonn	Karl V. und Tizian
Friedrich Merzbacher, München	Die Bischofsstadt

VERÖFFENTLICHUNGEN DER ARBEITSGEMEINSCHAFT FÜR FORSCHUNG DES LANDES NORDRHEIN-WESTFALEN

WISSENSCHAFTLICHE ABHANDLUNGEN

Wolfgang Priester, H.-G. Bennewitz und P. Lengrüßer, Bonn	Radiobeobachtungen des ersten künstlichen Erdsatelliten
Leo Weisgerber, Bonn	Verschiebung in der sprachlichen Einschätzung von Menschen und Sachen
Erich Meuthen, Marburg	Die letzten Jahre des Nikolaus von Kues
Hans Georg Kirchhoff, Rommerskirchen	Die staatliche Sozialpolitik im Ruhrbergbau 1871—1914
Günther Jachmann, Köln	Der homerische Schiffskatalog und die Ilias
Peter Hartmann, Münster	Das Wort als Name
Anton Moortgat, Berlin	Archäologische Forschungen der Max-Freiherr-von-Oppenheim-Stiftung im nördlichen Mesopotamien 1956
Wolfgang Priester und Gerhard Hergenhahn, Bonn	Bahnbestimmungen von Erdsatelliten aus Doppler-Effekt-Messungen
Harry Westermann, Münster	Welche gesetzlichen Maßnahmen zur Luftreinhaltung und zur Verbesserung des Nachbarrechts sind erforderlich?
Hermann Conrad und Gerd Kleinheyer, Bonn	Carl Gottlieb Svarez 1746—1796. Vorträge über Recht und Staat
Georg Schreiber, Münster	Die Wochentage im Erlebnis der Ostkirche und des christlichen Abendlandes
Günter Bandmann, Bonn	Melancholie und Musik
W. Goerdt, Münster	Fragen der Philosophie. Ein Materialbeitrag zur Erforschung der Sowjetphilosophie im Spiegel der Zeitschrift „Voprosy Filosofii" 1947—1956
Anton Morgaat, Berlin	Tell Chuéra in Nordost-Syrien. Grabung 1958
Gerd Dicke, Krefeld	Der Identitätsgedanke bei Feuerbach und Marx
Thea Buyken	Das römische Recht in den Constitutionen von Melfi
—	Das Karl-Arnold-Haus, Haus der Wissenschaften in Düsseldorf

SONDERHEFTE

Josef Pieper, Münster	Über den Philosophie-Begriff Platons
Walter Weizel, Bonn	Die Mathematik und die physikalische Realität
Gunther Lehmann, Dortmund	Arbeit bei hohen Temperaturen
Hans Kauffmann, Köln	Italienische Frührenaissance
—	18 neue Forschungsstellen im Land Nordrhein-Westfalen
—	Wissenschaft in Not

MIX
Papier aus verantwortungsvollen Quellen
Paper from responsible sources
FSC® C105338

If you have any concerns about our products,
you can contact us on
ProductSafety@springernature.com

In case Publisher is established outside the EU,
the EU authorized representative is:
Springer Nature Customer Service Center GmbH
Europaplatz 3, 69115 Heidelberg, Germany

Printed by Libri Plureos GmbH
in Hamburg, Germany